新文京開發出版股份有限公司

NEW WCDP 新世紀‧新視野‧新文京 ─ 精選教科書‧考試用書‧專業參考書

第**4**版

職場安全與衛生
―餐旅篇―

鄒慧芬 ◎ 編著

4TH EDITION

Safety and Sanitation in Hospitality Industry

四版序言
PREFACE

　　保障工作者職場安全衛生，不僅是維護勞動者基本人權，更是國家發展進步的指標；餐旅業的職場安全衛生更是一門涵蓋管理、化學及生物三大基礎學科的應用性之學問。為使學習者於此浩瀚之領域上能順利學習，編著者依據國內外日益變化的勞工權益、雇主權責、國家法律、規範及條文，彙集國內外最新相關資料，以深入淺出之方式做整體性之編排。

　　此外，雇主及勞工對場所符合標準的安全衛生設備，也應有基本的認識及共識；勞工接受聘雇前，應提出合格健康檢查證明，而到職後健康檢查費用，雇主則必須完全負擔，且勞工任職期間，雇主也必須負有施與安全衛生教育，避免勞工發生職災。

　　本書適用國內各級學校有關餐旅相關課程教學之用，亦可做為餐旅服務業之參考資料。每章結尾亦加入課後討論，以增強重點的提示。希冀學習者藉由本書的各種整理，能有效率、易記憶，且有系統地應用於職場。

　　全書內容精心設計，將相關法規編入各章節中，以方便讀者即時閱覽及參考；另外對於食安問題、中毒事件等，亦加入對照說明，希望能幫助學習者更順暢了解內容，本次改版，針對國內近年修正法規內容，加以補充及修訂，提供讀者最新的職安資訊。

　　本書雖經長期資料收集及精心整理，仍恐有疏漏錯誤，尚祈各位業界專家、學者及先進們不吝賜予指正，俾能遵循更正。同時，承新文京開發出版股份有限公司鼎力協助方能順利出版，謹致謝意。

鄒慧芬 謹識

目錄 CONTENTS

目錄 CONTENTS

CHAPTER

01

概　論

前言 FOREWORD

依據行政院勞委會（現為勞動部）首次公告「99 年度全國職場安全健康週實施計畫」，明定每年 5 月第 1 週為全國「職場健康週」，7 月第 1 週「職場安全週」，其主要目的為推動職場安全與健康促進工作，辦理工安宣示、宣導、輔導及教育訓練等活動，期望全民共同建構安全、健康、舒適的工作環境；並於民國 108 年 05 月 15 日修正之《職業安全衛生法》，明訂為防止職業災害，保障工作者安全及健康，特制定該法；以保障員工安全與衛生。

以餐旅服務業者而言，經營考量是確定其一切販賣金額完全入帳，因此，一切食品及飲料的販賣價格必須是確定的。除此之外，一位盡責的餐旅服務經理尚須了解這些所販賣食物或飲料的直接及間接成本，以便於做適當的成本控制。這些工作若能配合完善的安全企劃，則對餐旅服務業者於食材成本及販賣收入有更佳之控制。

一位盡責的餐旅服務經理於餐旅安全與衛生層面所關注的是「人」的感受。主要分為兩方面：一是顧客能在舒適且安全的用餐環境之下享受衛生的美食；二是其所屬員工能於合乎安全衛生要求的環境中快樂的工作，其次再考慮到一切餐旅服務的設備，須能符合顧客及員工的安全與衛生的期望。除此之外，餐旅安全與衛生尚包含防止一切天然或人為疏失所造成的災害，諸如火災、竊盜、人為惡意破壞、污染和食物中毒以及一切影響餐旅管理安全及衛生上的課題。

有鑑於此，餐旅服務業者若能設計一套完善的安全與衛生企劃，則對餐旅服務經理於現場作業控制有莫大的助益。

第一節　餐旅安全定義

餐旅服務經營中，一切資產的保護即為餐飲安全的定義，而所謂的「一切資產」，係包含食材原料、半成品、成品及所有餐旅服務設備，包括一切雜器、設備、器具、家具、建築物，甚至於員工、顧客，均為餐旅業之資產。而安全企劃當然也包含避免顧客受到任何傷害，及防患員工不誠實之行為。

　　由於餐旅業屬服務業性質，為服務業中極為重要的一環，而餐旅業之非屬於製造工業的屬性，使得餐旅工作場所中可能潛藏多種的危害，例如油煙吸入、噪音環境、高溫或低溫、地板濕滑及切割傷害等，可能導致如慢性呼吸器官疾病、聽力損傷、燒燙傷、凍傷、跌摔傷、切割傷、肌肉骨骼傷等職業病，值得深入探討其原因，以預防職業傷病發生。

(a)

(b)　　　　　　　　　　　　　(c)

▇ 圖 1.1　(a)大飯店外觀　(b)服務人員餐桌服務工作　(c)餐廳器具

　　依據行政院主計處中華民國 109 年 12 月 17 日行政院院授主統法字第1090300818 號修正發布名稱「行業統計分類」 及內文，並自 110 年 1 月 1 日生效（原名稱：行業標準分類）。

　　住宿及餐飲業：從事短期或臨時性住宿服務及餐飲服務之行業。住宿業 從事短期或臨時性住宿服務之行業，如旅館、旅社、民宿及露營區等。不包括：以月或年為基礎之住宅出租歸入「不動產租售業」。

短期住宿業：從事以日或週為基礎，提供客房服務或渡假住宿服務之行業，如旅館、旅社、民宿等；本類可附帶提供餐飲、洗衣、會議室、休閒設施、停車等服務。不包括：僅對特定對象提供臨時性住宿服務之招待所歸入「其他住宿業」。

其他住宿業：從事短期住宿業類以外住宿服務之行業，如露營區、休旅車營地及僅對特定 對象提供臨時性住宿服務之招待所。不包括：民宿服務歸入 5510 細類「短期住宿業」。

餐飲業：從事調理餐食或飲料供立即食用或飲用，不論以點餐或自助方式，內用、外帶或外送方式，亦不論以餐車、外燴及團膳等形式，均歸入本類。不包括：製造非供立即食用或飲用之食品及飲料歸入 C 大類「製造業」之適當類別。零售包裝食品或包裝飲料歸入「零售業」之適當類別。餐飲遞送服務歸入「遞送服務業」。

餐食業：從事調理餐食供立即食用之商店及攤販。

餐館：從事調理餐食供立即食用之商店；便當、披薩、漢堡等餐食外帶外送店亦歸入本類。不包括：固定或流動之餐食攤販歸入「餐食攤販」。專為學校、醫院、工廠、公司企業等團體提供餐飲服務歸入「外燴及團膳承包業」

餐食攤販：從事調理餐食供立即食用之固定或流動攤販。不包括：調理餐食供立即食用之商店歸入「餐館」。

外燴及團膳承包業：從事承包客戶於指定地點辦理運動會、會議及婚宴等類似活動之外燴餐飲服務；或專為學校、醫院、工廠、公司企業等團體提供餐飲服務之行業；承包飛機或火車等運輸工具上之餐飲服務亦歸入本類。

飲料業：從事調理飲料供立即飲用之商店及攤販。

飲料店：從事調理飲料供立即飲用之商店；冰果店亦歸入本類。不包括：固定或流動之飲料攤販歸入「飲料攤販」。有侍者陪伴之飲酒店歸入「特殊娛樂業」。

飲料攤販：從事調理飲料供立即飲用之固定或流動攤販。不包括：調理飲料供立即飲用之商店歸入「飲料店」。

1.1.1 偷竊問題

如同前面所述，餐旅業資產的損失亦列為其重大安全問題；依據美國零售業保全協會調查的統計數字顯示，每年零售業竟有高達將近 400 億美元的損失！而造成零售業者損失的因素主要有：店員監守自盜、外來的偷竊與搶劫、管理上的疏失、供應商的惡意詐欺等。其中店員監守自盜這一項，又以收銀員舞弊或作業疏失占了極大的比例（45%以上，損失金額超過 180 億美元）。而許多的餐旅業經理都知道偷竊問題的確造成餐旅管理上的困擾，但是卻很少有人能確切了解，其實真正的問題就在實際餐旅服務的運作過程。

因此，以有效的 POS（Point of Sales，電腦銷售點管理系統）系統來監控店內相關的活動，一旦發生事情，便能夠提出有利的證據以降低損失。

舉例而言，假若某餐旅業，其每年利潤約為 10 個百分點，假使每年有 10 萬元流失，則意味著，其每年營業額 100 萬中應有 20 個百分點的利潤，但卻因人謀不臧，而造成 10 百分點的利潤流失。這是值得重視的問題，因為不可能於帳上列個「財物流失」或「食材流失」的會計科目。

1.1.2 管理與安全企劃

由於近年通貨膨脹及競爭壓力倍增，餐旅服務經理已開始正視餐旅安全企劃的問題，特別是偷竊問題。因為於利潤有限的情況下，物料及財物的流失是最大的禁忌。不論其企業型態（大或小）、經營型態（咖啡廳或宴會廳）、服務型態（自助式或餐桌服務），都將被可能發生的安全問題所影響，故任何餐旅服務業的管理都被餐飲安全問題所干擾。

以東臺灣著名的娜路彎大酒店為例，該飯店於民國 100 年取得東部第一家五星級飯店標章，其管理部門就是包含人事及採購單位。人事單位從員工甄選、訓練到培育皆環環相扣。採購單位則扮演後勤支援單位角色，除了擁有國際觀之物品採購及成本觀念外，其議價、談判技巧亦為採購人員不可或缺之專業知識及經驗。究其所以，仍以成本為主要考量，希望藉由嚴謹員工訓練及紀律以及完善採購方法，盡量避免造成員工偷竊等不法行為。

　　近年來因世界潮流與政策的方針，皆朝積極推動安全衛生職場環境方向邁進，各職場必須獨立聘僱專業的勞工安全衛生管理人員執行專責業務，以增進勞工知能，提高勞工安全的工作環境和保障生活品質。以目前國際專業認證機構（例如 AH&LA、IOPCA 等）就有提供所謂的勞工安全管理證照，藉以提高企業安全業務環境管理人員知識及專業能力，並提高勞工安全的工作環境。

1.1.3　冷凍冷藏管理

　　以餐旅業餐飲部門，其菜餚製備流程圖，基本上涵蓋七大供膳型式：

供膳型式 1： 驗收→貯存→前處理→烹調→供膳

供膳型式 2： 驗收→貯存→前處理→烹調→熱存→供膳

供膳型式 3： 驗收→貯存→前處理→烹調→冷卻→冷藏→供膳

供膳型式 4： 驗收→貯存→前處理→冷藏→冷存→供膳

供膳型式 5： 驗收→貯存→前處理→烹調→冷卻→冷藏→復熱→供膳

供膳型式 6： 驗收→貯存→前處理→烹調→冷卻→冷藏→復熱→熱存→供膳

供膳型式 7： 驗收→貯存→前處理→冷藏→供膳

　　假若已確定食材來源安全無慮，但亦可能因貯存問題而造成食材敗壞或已有菌體滋生其中。前者可藉由合格的餐旅服務製備人員依其外表、氣味、色澤，判斷而不予使用；而後者卻無法由經驗及外觀來認定之。如此則須檢討整個貯存過程是否受到細菌污染，或是溫度及濕度不當，甚至有無氣體存在等，均須列入改進檢討的範圍。

1. 溫度管理

(1) 利用低溫延長食品與原料的貯存，須裝設溫度指示器，確保冷藏食品之中心溫度保持在 7 ℃以下；冷凍食品之中心溫度保持在 -18 ℃以下。

(2) 冷藏（凍）庫裝置容量應在 50~60% 之間，以利冷氣充分循環。

(3) 盡量減少開門次數與時間。

(4) 經常除霜確保冷藏（凍）之效力。

(5) 設置位置應遠離熱源。

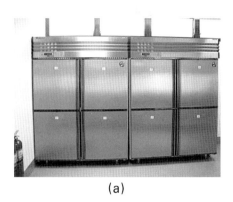 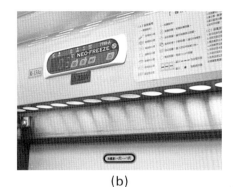

(a)　　　　　　　　　　　　　　　(b)

▄ 圖 1.2　(a)冷凍冷藏庫　(b)冷凍冷藏庫外溫度顯示
（由臺南南英商工餐飲大樓提供圖片）

▄ 圖 1.3　冷藏展示櫃附溫度計以確保達到溫度控制

2. 防止污染

(1) 定期清洗消毒，確保清潔。

(2) 蔬果、水產、畜產產品原料或製品應分開貯藏，避免交互污染。

(3) 熟食成品應用容器密封或包裝後冷藏（凍）。

(4) 貯存時間不可太長。

(5) 應設棧板，且不得積水。

(6) 應設棚架，食物及原料即使有容器盛裝也不可直接放在地上。

3. 其他

(1) 作業燈：在冷藏（凍）庫上方安裝作業指示燈。

(2) 安全門：以保護進入者之安全。

(3) 警　鈴：以防萬一。

第二節　餐旅衛生定義

　　「致病源會透過泥土、不安全的水、不完善的排水系統、已致病之食用肉類感染，例如：口蹄疫、腸病毒、有攜帶染病源的害蟲與昆蟲及受污染的設備與器皿，再經由不當的食物採購、貯存、製備及服務方式，甚而不當的吃法，造成食物進入人體後使人體致病。」而餐飲衛生是在防患並杜絕以上所述事項。

　　為了避免食物因不當貯存及調製，造成對人體之危害，「危害分析與重要管制點(HACCP)制度」中，即明列餐飲服務業整場之衛生作業標準書(SOP)，內容涵蓋下列十三項，以確保餐飲業之衛生要求：

1. 採購

2. 驗收

3. 貯存

4. 前處理

5. 製備（含熱存、冷藏、復熱）

6. 供膳

7. 用水處理

8. 交叉污染防治

9. 員工健康管理

10. 人員手部衛生管理（如圖 1.4）

11. 清洗、消毒作業

12. 垃圾廢棄物處理（如圖 1.5）

13. 蟲鼠害管制

▉ 圖 1.4　內場員工洗手檯
（正確洗手圖示說明：各項用品標示
及檢核表冊）

▉ 圖 1.5　垃圾場加蓋廚餘桶或
垃圾桶

1.2.1　餐旅服務管理者所扮演的角色

　　如上所述，管理者所扮演的角色，不只是要建立衛生標準處理程序，更要訓練員工並監督其確實執行，而在執行時，要特別注意以下的工作事項：

1. 使員工了解衛生為餐旅業之基本。

2. 採購食材須確定來自安全的供應商。

3. 確實遵守食材之貯存、製備及服務時的衛生程序，烹飪人員每 30 分鐘消毒手部一次（如圖 1.6）。

4. 訓練且激勵並監督員工維持良好衛生設備，以提供安全食物之服務。

5. 依照法定衛生標準，定期檢查、清洗、消毒、殺菌所有的設備及器皿。於生鏽部分用 15% 硝酸或去鏽劑去除後清洗。

▉ 圖 1.6　內場工作人員處理熟食時戴手套

6. 與地方政府衛生相關單位，共同建立一個衛生教育訓練企劃，例如：每年一次定期健康檢查。

其次，依據 HACCP 之餐飲服務業整場之衛生作業標準書(SOP)，一般作業標準操作程序之重點及注意事項，分述如下：

1. **採購：**(1)選擇信譽優良的供應廠商供貨，廠商必須領有政府核發之營利事業登記證（公司執照），並開立發票。(2)將食品分類，建立供應商評鑑資格審查表，在與廠商合作之前，先評鑑供應商資格。(3)請供貨廠商註明簽署廠商供貨切結書，並於切結書中對供貨廠商進行下列規範：運送車輛的要求、廠商貯存設備的要求、送貨時間的要求。

2. **驗收：**(1)註明各類食品之驗收時間。(2)驗收區之環境清潔。(3)籃框分類。(4)驗收流程。(5)領貨與退貨。

3. **貯存：**(1)倉庫的管理：冷凍、冷藏溫度管理、倉庫溫濕度管理。(2)原料、物料的管理：分類、定位、標示、先進先出、有效期限及清潔用品等管理。

4. **前處理：**(1)解凍：解凍方式之運用。(2)清洗：清洗時間之區隔與清洗流程。(3)分切：刀具、砧板、抹布之分類；刀具、砧板之清潔與消毒。

5. **製備（含熱存、冷藏、復熱）：**雙 T（溫度 temperature 及時間 time）管理如(1)烹調。(2)冷卻、冷藏。(3)復熱。(4)熱存或冷存。

6. **供膳：**(1)人員衛生管理。(2)出菜前的檢視。(3)食物之管理：以溫度與時間為重要考量重點。(4)器皿的管理。

7. **用水處理：**(1)清洗：環境、設備、冷凍庫、冷藏庫、餐盤、餐具、器皿。(2)消毒：環境、餐盤、餐具、器皿。

8. **飲用水水質管理：**(1)所使用的水源。(2)水質標準、水質檢測。(3)末端水管餘氯檢測。(4)蓄水塔清潔保養。(5)製冰機清潔與保養。(6)飲水機水質檢驗及設備維修。

9. **員工健康管理：**(1)新進人員健康檢查。(2)每年定期健康檢查。(3)員工每天健康檢查。

10. **洗手消毒管理：**(1)設有烹調人員專用洗手設備、液體清潔劑及擦手紙。(2)正確洗手程序。(3)洗手後使用酒精消毒機消毒手部。

11. **交叉污染防治：**做好六大項目管理，避免產生交叉污染事件：驗收、貯存、前處理、製備、供膳及人員衛生。

12. **垃圾廢棄物處理**：(1)使用加蓋腳踏式垃圾桶。(2)垃圾清運及資源回收。(3)垃圾桶之清洗消毒。(4)廚餘處理。(5)處理後之手部清潔與衛生。

13. **蟲鼠害管制**：(1)不讓病媒（蟑螂、老鼠、蒼蠅、蚊子）「侵入」：設置防止病媒侵入之設施、防止病媒隨紙箱或包裝箱進入、禁止寵物進入工作區。(2)不讓病媒「吃」：垃圾廚餘加蓋與定時清運、器皿保持清潔、食物貯存。(3)不讓病媒「住」：封閉孔洞、環境清理與清洗、委外消毒。

1.2.2　衛生與清潔之區別

　　除去表面上可見的污染物，稱之為清潔；例如：餐旅服務人員不管做什麼事，必須在開始烹飪或服務食物前把手徹底洗乾淨。而衛生是指除去引起致病微生物及其他有害的傳染物；例如：餐具、砧板及抹布等廚房用品應不定期用消毒藥水浸泡清洗，又若手指有傷口，應套上手套再從事製備及處理工作，否則細菌將感染食物而造成食物中毒。一位盡責的餐旅服務人員，於其衛生概念，須時時牢記的信條：看起來乾淨清潔但仍須依照衛生程序去處理。

■ 圖 1.7　內場工作人員處理熟食時須戴手套再製備食物

1.2.3　餐旅服務製備人員衛生觀念

　　最基本的也是最經常被忽略的，餐旅服務製備人員本身的健康狀況；咳嗽或打噴嚏可藉口沫將病菌經由食物或盛裝的器皿傳染給顧客；其次是個人清潔衛生習慣，如生熟食混合使用、未經洗滌的餐具、砧板、刀具，或是未依照衛生處理

程序製備食物等均會使菌體輕易的進入人體，則所造成的影響不只是食品中毒，還會波及到整個餐旅服務經營問題，這對餐旅服務業者而言是最大的致命傷。

📛 圖 1.8　刀具架的安全及衛生觀念，對內場工作人員非常重要

再次強調衛生的定義為：提供給消費者符合安全衛生的食物，且不危害健康的物質，創造並維護健康與衛生的環境。餐旅服務業者的責任是將有益人體健康的食物材料，在採取必要的衛生及安全的管理，從採購、貯存、調製、前處理等烹調或調理過程，一直到被消費者攝食為止，為保持不受病媒等污染而採取的一切手段。

第三節　餐旅安全與衛生的重要性

近年來，由於科學進步，社會已由傳統工商業邁向全新的服務業，時間的分秒必爭，更讓社會人士將其全部精力及時間投注於工作、研究及休閒，這不僅改變社會結構也改變人類的日常生活習慣，尤其是飲食生活；由於交通發達，赴遠地就業或就讀人口增加，再加上越來越多的家庭主婦投入就業市場，這些均增加人們在外進食的機會，也因此帶動餐飲業的迅速發展。

既然餐飲業是大量製造食品及飲料以提供大眾消費者，則此行業所負之社會責任具有相當深層的涵義，尤其是目前或未來欲從事餐飲相關行業者，都必須對現代餐飲安全與衛生觀念有共同的認識。

1.3.1　維護顧客的安全與衛生

　　「顧客至上」不是純粹指精神上或態度上對客人的尊重，若是物質層面上的基本需求都無法令顧客滿意，則一切遑論；設備上，諸如消防器材設置、逃生口標示、耐火建材使用、耐高溫器皿使用、合理且適當的空調系統，甚至於防滑地板或地毯鋪設、排水及排氣系統設計、建築物本身構造以及保全系統建立…等，均屬之；食材上，自食材挑選、貯存、製備至服務顧客用餐或飲料，都必須切實執行其應循的衛生程序。例如，食材使用期限、貯存箱或櫃溫度濕度控制、食物製備者身體健康及良好衛生習慣，乃至於正確服務方法…等均屬之；人員上，諸如定期員工安全衛生講習及評比、年度消防演習及訓練、緊急救護常識及運用等，都是希望提供給顧客一個安全且衛生的用餐環境。

(a)

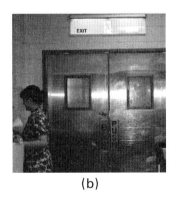

(b)

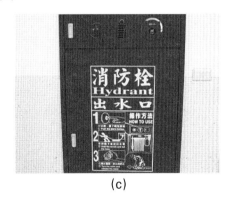

(c)

(a) 乾粉滅火器（須定期保養而且所有員工務必完全了解操作方法及使用步驟，才能達到
　　防火器材真正功效）

(b) 員工緊急逃生口

(c) 消防栓、出水口切忌門閥前堆置雜物，以免防礙緊急救援

　　　🔖 圖 1.9　各式消防逃生設施介紹

近年來餐飲業者型態更廣，但不論以何種型態來服務消費者，其所供應的食品必須符合《食品安全衛生管理法》規定，送達消費者手中應符合「未超過保存期限」、「沒有腐敗」及「標示完整」等三個基本條件；過去曾發生之臺南某網路乾麵賣家，賣家只負責做麵，醬料包另請其他廠商提供，使得品質管控不易，導致遭消費者申訴，影響聲譽頗重。

▐ 圖 1.10　避難梯（避難梯的使用說明，須定期保養，以備不時之需）

▐ 圖 1.11　逃生用緩降機使用法

1.3.2　維護員工的安全與衛生

維護員工安全與衛生是需要科學的管理，而作業流程圖是在使每一項作業流程均能清楚呈現，任何人只要看到流程圖，便能一目了然。流程圖的優點有三：1.所有流程一目了然，工作人員能掌握全局；2.更換人手時，按圖索驥，容易上手；3.所有流程在繪製時，很容易發現疏失之處，可適時予以調整更正，使各項作業更為嚴謹。流程圖的繪製參考圖示如下：（可使用作業軟體繪製）

符號	名稱	意義
⬡	準備作業	流程圖開始
▭	處理	處理程序
◇	決策	不同方案選擇
⬭	終止	流程圖終止
→	路徑	指示路徑方向
⬒	文件	輸入或輸出程序
⊟	已定義處理	使用「已定義處理」之程序
○	連接	流程圖之出口或入口
⊕	或	表示其他之用途

　　而各個餐旅服務業均有其個別化的「餐旅服務標準製作流程」，這是需要被每一個員工確實了解且切實執行的。訓練餐旅服務員工熟悉各項器具及設備的正確操作，不僅可大幅提高工作效率，更可降低因操作不當而造成的意外事件。另外餐廳廚房設備也深深影響員工操作上的安全問題；如照明設備是否足夠、工作爐台是否合乎製備流程及人體工學、大樓地板是否防滑安全及保全緊急救護系統是否完善等，均是為員工安全問題著想。有了安全及衛生的製備流程，才能製造出合乎安全衛生標準的食物。

📖 圖 1.12　水洗式抽油煙機

第四節　職業安全與衛生相關法規

　　由於現代外食人口激增，餐旅服務業之品質越來越受社會大眾及政府之重視，是以各國皆建立完整安全衛生法規，以維護消費大眾之健康及安全衛生的用餐環境，目前我國有食品衛生管理法規及公共飲食場所衛生管理辦法來約束餐飲業者。其法雖涉及所有的食品、添加物、直接接觸之機具、容器、包裝及其製造銷售過程，以及業者之管理，然而對違規業者之罰則仍過於鬆散，茲將相關法規摘錄於後：

1.4.1　職業安全衛生法之意義

　　依據民國民國 108 年 05 月 15 日修正之《職業安全衛生法》第一章總則、第 1 條之定義，為防止職業災害，保障工作者安全及健康，特制定本法；其他法律有特別規定者，從其規定。

1.4.2　職業安全衛生法之涵蓋範圍

　　依據民國民國 108 年 05 月 15 日修正之《職業安全衛生法》第一章總則、第 2 條，本法用詞，定義如下：

一、　工作者：指勞工、自營作業者及其他受工作場所負責人指揮或監督從事勞動之人員。

二、　勞工：指受僱從事工作獲致工資者。

三、　雇主：指事業主或事業之經營負責人。

四、　事業單位：指本法適用範圍內僱用勞工從事工作之機構。

五、　職業災害：指因勞動場所之建築物、機械、設備、原料、材料、化學品、氣體、蒸氣、粉塵等或作業活動及其他職業上原因引起之工作者疾病、傷害、失能或死亡。

1.4.3　職業安全衛生法之管理單位及受管理事業

　　依據民國民國 108 年 05 月 15 日修正之《職業安全衛生法》第一章總則、第 3、4 條，本法用詞，定義如下：

　　本法所稱主管機關：在中央為勞動部；在直轄市為直轄市政府；在縣（市）為縣（市）政府。

　　本法有關衛生事項，中央主管機關應會商中央衛生主管機關辦理。

　　本法適用於各業。但因事業規模、性質及風險等因素，中央主管機關得指定公告其適用本法之部分規定。

1.4.4　職業安全衛生法之設施要求

　　依據民國民國 108 年 05 月 15 日修正之《職業安全衛生法》第二章安全與衛生設施、第 6 條，本法用詞，定義如下：雇主對下列事項應有符合規定之必要安全衛生設備及措施：

一、 防止機械、設備或器具等引起之危害。

二、 防止爆炸性或發火性等物質引起之危害。

三、 防止電、熱或其他之能引起之危害。

四、 防止採石、採掘、裝卸、搬運、堆積或採伐等作業中引起之危害。

五、 防止有墜落、物體飛落或崩塌等之虞之作業場所引起之危害。

六、 防止高壓氣體引起之危害。

七、 防止原料、材料、氣體、蒸氣、粉塵、溶劑、化學品、含毒性物質或缺氧空氣等引起之危害。

八、 防止輻射、高溫、低溫、超音波、噪音、振動或異常氣壓等引起之危害。

九、 防止監視儀表或精密作業等引起之危害。

十、 防止廢氣、廢液或殘渣等廢棄物引起之危害。

十一、 防止水患、風災或火災等引起之危害。

十二、 防止動物、植物或微生物等引起之危害。

十三、 防止通道、地板或階梯等引起之危害。

十四、 防止未採取充足通風、採光、照明、保溫或防濕等引起之危害。

前雇主對下列事項，應妥為規劃及採取必要之安全衛生措施：

一、 重複性作業等促發肌肉骨骼疾病之預防。

二、 輪班、夜間工作、長時間工作等異常工作負荷促發疾病之預防。

三、 執行職務因他人行為遭受身體或精神不法侵害之預防。

四、 避難、急救、休息或其他為保護勞工身心健康之事項。

前二項必要之安全衛生設備與措施之標準及規則，由中央主管機關定之。

1.4.5 職業安全衛生法之安全衛生管理

雇主對勞工應施以從事工作與預防災變所必要之安全衛生教育及訓練。

前項必要之教育及訓練事項、訓練單位之資格條件與管理及其他應遵行事項之規則，由中央主管機關定之。

勞工對於第一項之安全衛生教育及訓練，有接受之義務。

1.4.6 職業安全衛生法之監督與檢查

依據民國民國 108 年 05 月 15 日修正之《職業安全衛生法》第四章監督與檢查、第 35 條，本法用詞，定義如下：

中央主管機關得聘請勞方、資方、政府機關代表、學者專家及職業災害勞工團體，召開職業安全衛生諮詢會，研議國家職業安全衛生政策，並提出建議；其成員之任一性別不得少於三分之一。

依據民國民國 108 年 05 月 15 日修正之《職業安全衛生法》第四章監督與檢查、第 39 條，本法用詞，定義如下：

工作者發現下列情形之一者，得向雇主、主管機關或勞動檢查機構申訴：

一、事業單位違反本法或有關安全衛生之規定。

二、疑似罹患職業病。

三、身體或精神遭受侵害。

主管機關或勞動檢查機構為確認前項雇主所採取之預防及處置措施，得實施調查。

前項之調查，必要時得通知當事人或有關人員參與。

雇主不得對第一項申訴之工作者予以解僱、調職或其他不利之處分。

1.4.7　職業安全衛生法之施行細則

依據民國 109 年 02 月 27 日修正《職業安全衛生法施行細則》該細則依《職業安全衛生法》(以下簡稱本法)第 54 條規定訂定之。本法第二章安全衛生設施、第 27 條第一項所稱體格檢查，指於僱用勞工時，為識別勞工工作適性，考量其是否有不適合作業之疾病所實施之身體檢查。

本法第 20 條第一項所稱在職勞工應施行之健康檢查如下：

一、 一般健康檢查：指雇主對在職勞工，為發現健康有無異常，以提供適當健康指導、適性配工等健康管理措施，依其年齡於一定期間或變更其工作時所實施者。

二、 特殊健康檢查：指對從事特別危害健康作業之勞工，為發現健康有無異常，以提供適當健康指導、適性配工及實施分級管理等健康管理措施，依其作業危害性，於一定期間或變更其工作時所實施者。

三、 特定對象及特定項目之健康檢查：指對可能為罹患職業病之高風險群勞工，或基於疑似職業病及本土流行病學調查之需要，經中央主管機 關指定公告，要求其雇主對特定勞工施行必要項目之臨時性檢查。

本法第三章安全衛生管理、第 33 條、本法第 23 條第一項所稱安全衛生人員，指事業單位內擬訂、規劃及推動安全衛生管理業務者，包括下列人員：

一、 職業安全衛生業務主管。

二、 職業安全管理師。

三、 職業衛生管理師。

四、 職業安全衛生管理員。

　　本法第四章監督及檢查、第 51 條、本法第 50 條第二項所定直轄市與縣（市）主管機關及各目的事業主管機關應依有關法令規定，配合國家職業安全衛生政策，積極推動包括下列事項之職業安全衛生業務：

一、 策略及規劃。

二、 法制。

三、 執行。

四、 督導。

五、 檢討分析。

六、 其他安全衛生促進活動。

法·規 彙·編

壹、一般食品衛生標準

中華民國 96 年 12 月 21 日衛署食字第 0960408889 號令發布

中華民國 102 年 08 月 20 日部授食字第 1021350146 號令修正

中華民國 109 年 12 月 10 日衛生福利部衛授食字第 1091303587 號令修正發布第 9 條條文；刪除第 5 條條文；並自 110 年 7 月 1 日施行

第 1 條　　本標準依食品安全衛生管理法（以下簡稱本法）第十七條及第十五條第二項規定訂定之。

第 2 條　　食品衛生，除法規另有規定外，應符合本標準。

第 3 條　　販賣之食品，應具正常且合理可接受之性狀、風味及色澤，不得有因衛生不良、品質不佳或製程品管不當所導致之變色、異常氣味或風味、異常之凝結或沉澱、污染、肉眼可見霉斑、異物或蟲體、寄生蟲等情形。

第 4 條　　食品中之重金屬、真菌毒素、其他污染物質及毒素，除另有規定外，應符合「食品中污染物質及毒素衛生標準」之規定。

第 5 條　　（刪除）

第 6 條　　食品用水之規定：

　　　　　一、食用冰塊、飲料、包裝飲用水及盛裝飲用水之原料水，應符合環境主管機關所訂「飲用水水質標準」之規定。

　　　　　二、包裝飲用水及盛裝飲用水之溴酸鹽含量應為 0.01mg/L 以下。

第 7 條　　有容器或包裝之液態飲料，其咖啡因含量之規定：

　　　　　一、茶及可可飲料，咖啡因含量不得超過 500mg/L 。

　　　　　二、茶、咖啡及可可以外之飲料，咖啡因含量不得超過 320mg/L 。

第 8 條　　嬰兒配方食品、較大嬰兒配方輔助食品、特殊醫療用途嬰兒配方食品及嬰兒穀物類輔助食品等專供十二個月以下嬰兒食用之食品，不得含有農藥殘留超過 0.01ppm，如農藥檢驗之定量極限大於或小於 0.01ppm 時，則以定量極限為準。違反本條規定者，另依違反本法第十五條第一項第五款規定論處。

第 9 條　　本標準自中華民國一百零八年一月一日施行。

　　　　　本標準中華民國一百零九年十二月十日修正發布條文，自一百十年七月一日施行。

貳、「一般食品衛生標準」新舊草案修正與新增項目說明

- 保久乳、保久調味乳、保久乳飲品、煉乳及其他供直接食用之嬰兒罐頭食品（1.6、2.5項）無需進行採樣計畫檢測。

- 乾酪(Cheese)可適用大腸桿菌之檢測項目。

- 重新定義「加熱煮熟」不再依產品中心溫度達 75 ℃為標準。

  新增符合「不易導致李斯特菌生長之即食食品」條件：

1. pH 值低於 4.4。

2. 水活性低於 0.92。

3. 同時符合 pH 低於 5.0 和水活性低於 0.94 的產品。

4. 添加可抑制李斯特菌生長之抑制劑，且可提出相關科學證據。

　　衛生福利部（下稱衛福部）於 109 年 10 月 6 日發布訂定「食品中微生物衛生標準」（下稱該標準）。該標準前經兩次預告，經蒐集各界評論意見並酌予調整後公布，為利各界因應，該標準將提供緩衝期至民國 110 年 7 月 1 日起實施。

　　該標準整併「一般食品類衛生標準」第 5 條有關微生物之規定，並取代現行「乳品類衛生標準」、「罐頭食品類微生物衛生標準」、「冰類微生物衛生標準」、「嬰兒食品類微生物衛生標準」、「冷凍食品類微生物衛生標準」、「包裝飲用水及盛裝飲用水微生物衛生標準」、「飲料類微生物衛生標準」、「生食用食品類衛生標準」、「生熟食混合即食食品類衛生標準」及「液蛋衛生標準」 等 10 種標準，以上標準均將配合該標準之實施日同步修正或廢止。

　　該標準之訂定，重新將食品區分為七大類，並參採國際管理趨勢，將部分食品類別之規定納入採樣計畫、增訂部分指標性病原菌，以取代傳統之衛生指標菌，將使有關監測之結果更具風險代表性。

　　衛福部強調，由於微生物之動態消長與製造及販賣場所衛生狀況有直接關係，故食品業者仍應以強化食品良好衛生規範準則(GHP)及危害分析與重要管制點(HACCP)制度等之自主管理為優先，自源頭排除可能造成微生物污染之風險，提高管理效能；衛生標準則是驗證管理成效及提供衛生機關查核之依據。為使標準更符合國際管理趨勢，衛福部仍將持續參考國內外相關科學研究資訊及最新管理規範，滾動修正有關規定，以維護食品衛生安全。

臺北市旅館業衛生自主管理檢查表

商號名稱：　　　　　　　　　年　　　月

	檢查日期		備註
	檢查結果		

營業場所衛生

- 營業場所應維持環境整潔衛生並設置病媒防制設施。（病媒防制紀錄：□自行消毒紀錄；□委託消毒合約或收據）
- 寵物應繫以繩鍊或置於箱籠等予以適當管制。
- 中央空調冷卻水塔設備，每半年應定期清洗消毒1次以上。（□自行清洗紀錄；□委託清洗合約或收據）
- 室內應保持空氣流通。
- 置有效期限內之簡易外傷用藥品及器材（急救箱）。
- 從業人員應穿著整潔之工作服。
- 營業場所應於明顯處張貼該營業種類之衛生相關規定標示。
- 營業場所應經常清潔、消毒、除臭，並採沖水式之便器，設置有蓋垃圾桶。
- 營業場所之廁所應設置洗手設備，備有清潔劑及紙巾或烘手器；地面、臺度及牆壁，使用不透水、不納垢且防滑之材料建築。
- 供客用之盥洗用具、毛巾、浴巾、拖鞋用品及被單、床單、被套、枕頭套等寢具，應於使用後清潔消毒。
- 拋棄式之牙刷、刮鬍刀、拖鞋等物品，不得重複提供使用。
- 依「人類免疫缺乏病毒傳染防治及感染者權益保障條例」，提供保險套及水性潤滑劑。

從業員衛生

- 從業人員應每年定期接受健康檢查。（健檢項目須包括：胸部X光、傳染性眼疾、傳染性皮膚病）
- 應隨時留意消費者安全，遇有傷病情況緊急時，應立即協助就醫。

填表說明

1. 本表由衛生管理人員每星期檢查填記1次以上，檢查結果與規定相符者，請作∨記號，與規定不符者，請作X記號，供主管或衛生機關查核。
2. 本表請保存1年，以供相關機關查核。
3. 本表得依式自行印製。

衛生管理人員（簽章）

負責人或主管（簽章）

桃園市旅館業衛生自主管理每日檢查紀錄表

商號名稱：＿＿＿＿＿＿＿＿
年　月

項目	內容	日期 1	2	3	4	5	6	7	8	9	10	11	12	13	14	15	16	17	18	19	20	21	22	23	24	25	26	27	28	29	30	31	備註
營業場所環境衛生	四周環境整潔，無髒亂現象。																																	
	垃圾安善處理，設置有蓋垃圾桶。																																	
	櫃檯設有急救箱，並備齊未過期醫療用品。																																	
	浴室、浴巾、面巾清潔及消毒。																																	
	使用拋棄式之牙刷、梳子反刮鬍刀。																																	
	廁所設通風設備，放置衛生紙及洗手設備，清潔紀錄表。																																	
	床單、枕套、被單、毛毯整潔並有效消毒。																																	
	寢具或被單如有送洗，須留下送洗收據或做成紀錄。																																	
	客房內或櫃檯提供保險套、水性潤滑液。																																	
	房內所有傢俱及飾品應能設置整齊並保持整潔。																																	
	盛水容器內無病媒及孳生，保持清潔乾淨。																																	
	飲水機(飲用水水質)定期維護保養，並備有紀錄。																																	
	員工穿著整潔、乾淨工作服。																																	
檢查結果	檢查人員簽名																																	衛生管理人員或主管簽名

填表說明：

1. 本表由衛生管理人員每日填寫，檢查結果符合規定者打「○」，不符規定者打「×」，並於備註欄填寫不符情形，立即改善。
2. 本表請保存一年，以供衛生機關查核。
3. 本表不敷使用時請自行印製。

1. 為什麼完善的安全與衛生企劃，對餐飲業的現象控制作業有莫大的助益？

2. 餐飲安全企劃中，哪兩個項目的流失，是最大的禁忌？

3. 衛生與清潔有何不同？

4. 目前用於餐飲業的逃生系統有哪些？

5. 請任意繪製廚房、吧檯或櫃檯之作業流程圖。

6. 當食品添加物具有哪些情形時，不得使用或販賣？

7. 依法食品器具具有哪些情形時，不得使用？

MEMO

CHAPTER

基礎微生物的認識

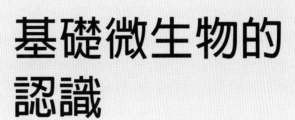

FOREWORD 前言

　　許多微生物依水而生,而土壤表層乾燥後,會形成灰塵,藉風傳布帶到各處,如河流、海洋及其他各處,微生物即在其中存在及散布;而存在土壤中及水中的菌體,亦常見於植物體。因土壤及水中的菌體極易帶至植物體,此時若生長條件適當,則可能造成某些特定菌種大量繁殖;另與餐飲業較有相關的是有些細菌常見於手、手臂、鼻腔、口部及身體,如:Staphylococcus;又如 Salmonella 及 Shigella 可能因製備食物不當,而寄生在食物及餐具中,至於黴菌及酵母菌二類菌體是否存在食物製備者之手部或身體其他部位,則端賴餐旅現場工作人員之生活情況而定。

第一節　食品微生物概說

　　人們到底確切於何時開始注意食品中微生物的存在及其所扮演的角色,很難去考究,但從歷史上一些事項的記載,得悉大約於西元前 8000~6000 年,中東地區已有穀類烹調技術,且知釀造及貯存;而於西元前 3000~1000 年,中國人、希臘人及羅馬人已知用鹽漬法來保存魚類,餐飲業從業人員,由於肩負著大量飲食製備及服務的提供,故不僅是要了解各微生物的種類,更需知道其來源及特性,除了利用菌種不同特性,以製作可口食物外;更須注意菌種之病變,以避免二次污染,茲將微生物污染食品的來源分類如下,另於本章第二、三、四節分別詳敘各種菌種特性及其喜好存在之食物及環境。

2.1.1　土壤及水中常見之菌種

1. **細菌**:常見之菌種包含產鹼桿菌(Alcaligenes)為革蘭氏陰性且好氧之桿型細菌;芽孢桿菌(Bacillus)是革蘭氏陽性桿型細菌,可視狀況好氧或厭氧;梭狀芽孢桿菌(Clostridium)是革蘭氏陽性菌,厭氧但會產生芽孢;腸桿菌(Enterobacter)為革蘭陰性厭氧菌;微球菌(Micrococcus)革蘭氏陽性球型細菌;假單胞菌(Pseudomonas)是一種伽馬變形菌;沙雷氏菌(Serratia)革蘭氏陰性,厭氧桿型菌。

2. **黴菌**：麴黴菌(Aspergillus)為高度需氧菌，常存在於澱粉類植物上；根黴茶(Rhizopus)常存在於有機基質，包含成熟的蔬果、糖漿、皮草、麵包、花生及菸草等；青黴(Penicillium)可以產生青黴素，是一種抗生素，可以殺死或停止生長某些細菌體，它也可以改善香腸或火腿的風味，例如藍奶酪；鐮刀菌(Fusarium)主要寄生於植物體，例如青稞、玉米、大麥、小麥、香蕉等，受污染的小麥麵粉做成麵包所導致對人體傷害，會引起消化道毒性症狀，嚴重將可致死。

2.1.2 植物及其製品常見之菌種

1. **細菌**：醋酸菌(Acetobacter)是一種阿爾法變形菌，可以轉換酒中乙酸乙醇；假單胞菌(Pseudomonas)是一種伽馬變形菌；歐文氏菌(Erwinia)為腸桿菌，最有名的是大腸桿菌；黃桿菌屬(Flavobacterium)為革蘭氏陰性桿菌，主要存在於土壤及淡水環境中；乳酸菌(Lactobacillus)為革蘭氏陽性菌，兼厭氧或微需氧；白色念珠菌屬(Leuconostoc)為革蘭氏陽性菌，主要使新鮮白菜中的糖分轉化為乳酸並製成良好的耐藏性酸白菜；小球菌屬(Pediococcus)為革蘭氏陽性乳酸菌，常被用作益生菌，將有益的微生物創造成酸奶或奶酪；鏈球菌屬(Streptococcus)是革蘭氏陽性球菌，厭氧。

2. **酵母菌**：釀酒屬(Saccharomyces)啤酒酵母屬之；酵母(Torula)常被稱為營養酵母，主要用於調味食品之加工或寵物食品。

2.1.3 人及動物體之腸道常見之菌種

此類菌種全為細菌：大腸桿菌(Escherichia)為革蘭氏陰性厭氧菌；腸道沙門氏菌(Salmonella)是一種有鞭毛的革蘭氏陰性菌，人會感染多為食用染病菌牛隻或家禽；桿菌(Bacteroides)革蘭氏陰性厭氧菌；乳酸菌(Lactobacillus)為革蘭氏陽性厭氧或微需氧菌，多為良性菌；變形桿菌(Proteus)；弧菌(Vibrio)為革蘭氏陰性菌，通常存於海水之厭氧菌；痢疾桿菌(Shigella)為革蘭氏陰性菌；葡萄球菌(Staphylococcus)為革蘭氏陽性菌；鏈球菌屬(Streptococcus)是革蘭氏陽性球菌，厭氧；梭狀芽孢桿菌(Clostridium)是革蘭氏陽性菌，厭氧但會產生芽孢；假單胞菌(Pseudomonas)是一種伽馬變形菌。

2.1.4 空氣及塵埃常見之菌種

空氣及塵埃中常見之菌種含以上所述之菌種，尤其是以下之細菌：芽孢桿菌 (Bacillus)是革蘭氏陽性桿型細菌，可視狀況好氧或厭氧；微球菌(Micrococcus)是革蘭氏陽性球型細菌；另外還包括以下之黴菌：真菌屬黴菌(Cladosporium)；青黴 (Penicillium)可以產生青黴素，是一種抗生素；曲黴菌(Aspergillus)為高度需氧菌，常存在於澱粉類植物上。

第二節　細　菌

細菌(Bacteria)屬於細菌域，它是所有生物中數量最多的一類。據估計，其總數約有 5×10^{30} 個。細菌是單細胞體，細胞結構簡單，缺乏細胞核、細胞骨架以及膜狀胞器。細菌廣泛分布於土壤和水中，或者與其他生物共生。人體身上也帶有相當多的細菌。據估計，人體內及表皮上的細菌細胞總數約是人體細胞總數的十倍。細菌的營養方式有自營及異營，其中異營的腐生細菌是生態系中重要的分解者，使碳循環能順利進行。細菌是許多疾病的病原體，包括肺結核、淋病、炭疽病、梅毒、鼠疫、砂眼等疾病都是由細菌所引發。然而，人類也時常利用細菌，例如乳酪及酸奶的製作、部分抗生素的製造、廢水的處理等，都與細菌有關。

2.2.1　Acetobacter 醋酸細菌屬

革蘭氏陰性桿菌為絕對好氧性，可生長的範圍為 5~42 ℃，最佳生長 pH 值為 5.4~6.3，極不耐高溫，無法於 1.0%Nacl 以上生存。常見於啤酒、酒類、酸水果及蔬菜中。它同時也是引起酒敗壞（酒的酸化 $C_2H_5OH+O_2 \rightarrow CH_3COOH+H_2O$）的主要微生物之一，而此菌屬雖可以自製維生素，但乳酸菌卻仰賴外界供給。此菌屬的主要來源是酒酵母，附屬生長品存量越多，乳酸菌越易生長，故引起敗壞。又為具有運動性之桿菌，能將乙醇氧化成醋酸，可在水果，蔬菜上增殖常造成鳳梨的紅粉病(pink disease)，也叫赤衣病。反之，亦可利用於釀造醋和酒精醋等之醋的製造上。

2.2.2　Alcaligenes 產鹼桿菌屬

革蘭氏陰性，不生色素，桿狀，染色後有時會變化成陽性，廣存於土壤、水、腐朽物質、人及動物腸道內等自然界中，與高蛋白食品變質有關，但不分解酪蛋白。如菌名所示，此類的細菌增殖後會有鹼生成。會在牛乳中增殖，使變質成黏稠的牛乳，亦會在乳酪中增殖，表面會形成黏稠的菌落。

2.2.3　Bacillus 芽孢桿菌屬

革蘭氏陽性，桿狀，具內孢子，多數是好氧性，且多為中溫菌，有些是低溫菌或高溫菌，廣布於空氣、塵埃、土壤、水中、餐具及各類食品中，該菌為冷藏以上的溫度中，使食物發生腐敗的重要菌種。像是農畜產品及水產品在收穫或捕獲前若已經受土壤、水、空氣中微生物的污染，之後在輸送、貯藏、加工過程中再受二次污染。食品受微生物的污染與食品種類、食品成分有關連，常可看到受特定微生物的污染。例如米麥若受芽孢桿菌屬細菌污染，則其形成芽孢的耐熱性細菌生存於米飯中，由於強力酵素作用，致使米飯發生惡臭、酸敗。又如麵包有耐熱性芽孢細菌生長時，麵包內部即產生黏質物，這是由於芽孢桿菌屬的耐熱性芽孢細菌生長時引起的一種變敗現象。

2.2.4　Bacteroides 類桿菌屬

革蘭氏陽性桿菌為中溫性，非產孢，厭氧性，有些為高溫菌，主要可致破傷風(Tetanus)、氣性壞疽(Gas gangrene)的食物中毒；廣存於自然界、土壤、水中及人類與動物之口腔、腸道、上呼吸道和生殖道中。很少單獨致病，常與其他菌（如大腸桿菌等）混合感染。

2.2.5　Enterobacter 腸桿菌屬

革蘭氏陰性短桿狀，不生色素，存在自然界中，尤其是植物體、殼類、水中及腸道內。像是毒奶粉事件，其主角阪崎氏腸桿菌是屬於腸桿菌科(Enterobacteriaceae)腸桿菌屬(Enterobacter)；阪崎氏腸桿菌幾乎於一般自然環境中，如人類的皮膚、腸道、水、土壤、糞便污物都可能有它的蹤跡存在，食物若遭污染，尤以嬰兒奶粉影響最為嚴重。該菌適合生長的溫度為 37~44 ℃，但是大

約 60 ℃就可以把此菌殺死,若是於酸鹼值(pH)在 3.87 以下或鹽(NaCl)濃度 9.1%以上之狀況也能有效抑制其生長。

2.2.6　Erwinia 歐文氏菌

革蘭氏陰性桿狀,可生色素及具運動性,許多病種生長在低溫範圍內,與一些植物有關,此等菌種是引起蔬果類市場性病害之最重要者。同時它也是引起植物壞死而產生黑斑病的菌屬。

2.2.7　Escherichia 埃希氏菌

革蘭氏陰性短桿狀,主要存在於人及動物腸道中,亦存在土壤及水中等處,食品中存在與否可用為表示有無受過糞便污染之指標。該菌通常稱為大腸桿菌,是 Escherich 在 1885 年發現的,當時一直被當作正常腸道菌群的組成部分,認為是非致病菌。直到 20 世紀中葉,才發現大腸桿菌對人和動物有病原性,尤其對嬰幼兒和幼畜(禽)類,常引起嚴重腹瀉和敗血症。另外該菌對熱的抵抗較其他腸道桿菌來得強,在自然界、水中甚至能存活一個月以上。

2.2.8　Flavobacterium 黃桿菌屬

革蘭氏陰性桿菌,主要是中溫菌,亦有些是低溫菌,廣布於水中、土壤、魚類及植物體內,可由敗壞的植物體中分出,亦見於肉品表面變色及使用穀類、家禽、奶油及牛乳敗壞。生於水中大約 18~28 ℃,pH 值大約 6.7~7.2 左右,為適合生長條件。

2.2.9　Lactobacillus 乳酸桿菌屬

革蘭氏陽性,長形,非產孢桿菌,多數是微好氧或厭氧菌,廣存於植物體及乳製品中,也常存在醃燻及加工肉品中。也是代表性的乳酸菌的一種,乳酸的生產,酸乳酪及乳酪的生產上,常被利用。

2.2.10 Leuconostoc 白色念珠菌屬

革蘭氏陽性球狀菌，廣存植物體中，而由此進入牛奶及乳製品中，有些菌種用為乳製品之種麴(starter)，於酸醃菜製造中為優勢菌，生長結果產酸且抑制非乳酸菌之成長。應用於食品工業上，用於製作酸乳酪、德式酸菜和麵包的製作。而飲料工業上之應用，則用於酒類的製造，如使龍舌蘭酒具有獨特香氣、黏性和酸度。

2.2.11 Micrococcus 微球菌屬

革蘭氏陽性球狀菌，主要是中溫菌，有些為低溫菌，幾乎所有菌種能忍受高鹽濃度，廣存於自然界、人體皮膚、動物身上之隱藏處及灰塵、土壤、水及食物中，許多菌種與乳製品的製造有關。該菌種好氧性強，由於中溫(25~30 ℃)下生長良好，許多的種類耐熱性強，可於巴斯德殺菌後的牛乳中殘存。某些的種類，於 10 ℃下亦可生長。

2.2.12 Pediococcus 小球菌屬

革蘭氏陽性，生長之溫度範圍是 7~45 ℃，亦可造成酒精飲料之敗壞。於食鹽濃度高的狀況下亦能生育，亦能在比較的低溫下生育，於醃漬物中常見。

2.2.13 Proteus 變形桿菌屬

革蘭氏陰性桿狀菌，好氧性且具運動性，存在人體及動物體之腸道及腐敗物品中，可由腐敗的蛋、肉品及海產類食物中分出，尤其是在冷藏溫度以上會引起腐敗作用。污染食品後可在食品中迅速增殖，初期能使食品的 pH 值稍下降，之後隨即產生鹽基氮，使食品轉為鹼性並使其軟化。

2.2.14 Pseudomonas 假單胞菌屬

革蘭氏陰性桿菌，好氧性，多為低溫菌及中溫菌，廣存於土壤、水、植物體、人體與動物體之腸道中，為低溫性腐敗作用重要的菌體，如肉品、豬肉、蛋、海產類食物之腐敗。又因具有分解蛋白質和脂肪的能力，一些菌種甚至能在 5 ℃的低溫下生長，故也是冷藏食品腐敗的重要原因菌，具有很強的產生氨等腐敗產物

的能力，因此，在污染肉及肉製品、鮮魚貝類、禽蛋類、牛乳和蔬菜等食品後，可引起腐敗變質。

2.2.15　Salmonella 沙門氏菌屬

革蘭氏陰性短桿狀，好氧性，存在腸道中，可致傷寒及副傷寒熱(Typhoid and Paratyphoid fever)，可引起人體的沙門氏病菌(Salmonellosis)。此屬中含有病原菌，該菌種是依靠食品為媒介而成為傳染的原因。

2.2.16　Serratia 鋸齒狀菌屬

革蘭氏陰性桿菌，好氧性，中溫性，具蛋白質分解能力，廣布於水、土壤中。由於生長範圍廣泛，早期多存在於自然界中，之後在植物表面甚至是脊椎動物的腸道中發現；爾後更發現病人的唾液、尿液或血液檢體中也有此種菌體存在，故該菌種易為人體的伺機性病原體之一。

2.2.17　Staphylococcus 葡萄球菌屬

革蘭氏陽性球氏菌，常見於人體及動物體之鼻腔、皮膚及其他部位中，當餐旅從業人員不慎污染澱粉類（如米飯、麵類等）、牛奶或乳製品、魚類、肉類、蛋類等，被污染的食物在室溫下(20~22 ℃)放置 5 小時左右，該類病菌及大量繁殖並產生毒素。亦為一種食物中毒菌。

2.2.18　Streptococcus 鏈球菌屬

革蘭氏陽性球狀菌，不生色素，微好氧性，多為中溫菌，有些可於低溫下成長，有些菌種與人體上呼吸道有關，可致猩紅熱(Scarlet fever)、鏈球菌性咽炎(Septic sore throst)，常見於腸道、植物體及乳品中。鏈球菌通常以下列特定方式傳播菌種：物理接觸、透過被鏈球菌種污染的食物及盛放之器皿、透過帶菌者之咳嗽或噴嚏等從呼吸道帶出細菌。此外，該病原環境主要於淡水或半淡鹹水；鏈球菌感染症最早發生於 1957 年，地點在日本鮭魚養殖場；而臺灣則可感染多種養殖魚種，如金目鱸、吳郭魚、海鱺、烏魚等魚種。而國外發生魚種鏈球菌感染症於報告中常發生於較高水溫，此情形與我國南部養殖魚類鏈球菌感染症常發生於夏季高水溫之情形相似。

2.2.19 Shigella 痢疾桿菌

革蘭氏陰性呈短桿狀，好氧，中溫，不具運動性，常見於污水、人體腸道中，可致細菌性痢疾(Bacillary dysentery)及腸道不適，污染食品之主要來源是污水及人體帶菌者。以餐旅業而言，廚師或現場服務人員若未注意個人衛生習慣，則有可能直接或間接接觸帶菌者糞便或沒有洗手或沒有清洗指甲間縫隙，帶菌者因和人握手或間接由食品之污染而傳染給別人。蒼蠅可能散播病菌到食品。細菌在食品上大量增殖達到可能致病的數目。

2.2.20 有益的細菌

其實在大自然中，多數的細菌不僅無害，對餐飲食品業而言，反而是不可缺少之物；如：

1. 產酸菌(acid-forming bacteria)

Streptococcus 及 Pediococcus 可醱酵葡萄糖、麥芽糖；Acetobacter (aceti)為最重要的食用醋生成菌。

2. 產氣菌(gas-forming bacteria)

Escherichia, Proteurs, Bacillus, Leuconostoc, Lactobacillus 均可生成二氧化碳。

3. 色素生成菌(pigmented bacterium)

Flavobacterium，曾被認為是真菌，屬革蘭氏陰性菌，桿狀運動菌，能產生黃色、橙色、紅色色素，常見於土壤及水中。有 A、B、C、D 四大類，其中 D 大類常見於腐生物中；另乳製品及肉製品中也有此菌。

第三節　酵母菌

酵母菌(Yeasts)是一些單細胞真菌，並非系統演化分類的單元。目前已知有
1,000 多種酵母，大部分被分類到子囊菌門。酵母菌主要的生長環境是潮濕或液態
環境，有些酵母菌也會生存在生物體內。由於酵母菌生長的 pH、酒精及糖濃度範
圍較一般的菌種大，目前非常廣泛的被應用在食品餐飲業中，以下依本章第一節
所敘之菌種詳加說明。

2.3.1　Saccharomyces 啤酒酵母

屬於非產孢，卵圓形成球形細胞，廣存於水果（尤其是葡萄）、蔬菜，於餐飲
業中易造成蛋黃醬、沙拉醬及生菜調味料之敗壞。啤酒酵母粉初期是利用啤酒花
（釀製啤酒的原料之一）培養的，一般稱為營養酵母。由於含有大量礦物質，因
此苦味較重、顏色較黑，因此亦稱為黑啤酒酵母粉。後來隨著食品工業的進步，
發展出利用製糖後所剩下的甘蔗渣、糖蜜當原料，培養出不具苦味的啤酒酵母粉。
傳統上該酵母用於製作麵包和饅頭甚至釀酒，其中釀酒酵母是發酵中最常用的生
物種類。

圖 2.1　各式沙拉醬

2.3.2　Torula 營養酵母

屬於非產孢，卵圓形或球形細胞，可醱酵乳糖，使牛奶腐敗。

2.3.3 有益的酵母菌

1. Brettanomyces

為歐洲啤酒及麥酒(ales)「後醱酵」(after-fermentation)過程中之重要菌種。

2. Candida

Candida 為發酵性酵母菌，其中 C. krusei 是乳製品之製造菌。

第四節　黴　菌

黴菌其實並不是一個生物分類學的名稱，而是一些絲狀真菌的通稱，黴菌的菌絲呈長管、分枝狀，無橫隔壁，具多個細胞核，並會聚成菌絲體。黴菌常用孢子的顏色來稱呼，如黑黴菌、紅黴菌或青黴菌。它可行有性或無性生殖的孢子；行無性生殖時，匐匍菌絲向上分枝為直立菌絲，頂端的孢子囊可產生孢子，孢子落在有機物上，便可萌發菌絲；行有性生殖時，正、負交配型的匐匍菌絲互相靠近，彼此各長出短側枝，經接合成為合子。合子成熟萌發時，經減數分裂產生孢子囊，孢子囊破裂釋出孢子，再萌發為菌絲。故自然界中，黴菌的分布相當廣泛，以下依本章第一節所敘之菌種詳加說明：

2.4.1　Aspergillus 麴菌屬

菌絲具橫隔，可分生孢子，孢子為單細胞，呈不同顏色，存在食品中呈黃－綠－黑褐色；廣存於糕餅、水果、蔬菜、肉類中。麴菌在生活的環境中幾乎是無所不在，空氣、土壤、植物的各部分。因為麴菌善於分解澱粉，故用途廣泛。如長期以來米麴菌被利用來製作豆類和麥類的發酵食品，如醬油、豆鼓、味噌、豆瓣醬等，又黑麴菌在食品工業上用來生產檸檬酸與酵素；因為具有快速生長的特性，不但可以降低生產的成本，也可維持製成品的穩定性。

2.4.2　Cladosporium 分枝芽胞菌屬

　　菌絲有橫隔，具分生孢子，分生孢子是黑色，C. herbarum 在牛肉上可生黑色斑點。常見於大氣中，所謂大氣包括陸地與水。風揚起土壤微塵，而灰塵微粒將土壤微生物攜入空中再進入食品中。

(a)　　　　　　　　　　　　　　　　　(b)

■ 圖 2.2　(a)易腐敗麵製品－麵包　(b)易腐敗麵製品－蛋糕

2.4.3　Fusarium 鐮胞菌屬

　　分生孢子為獨木舟狀，呈單一或鏈狀，其菌絲呈淡粉紅色、紫色或黃色，許多蔬果類的敗壞均由此菌而起，如香蕉的頸腐病(neckrot)。分布廣，種類多，常存在於土壤、空氣及水中，大多數營腐生生活；有部分是植物與動物的病原菌，會引起農作物的萎凋病、根腐病及動物的灰指甲及皮膚病等。

2.4.4　Penicillium 青黴屬

　　菌絲有橫隔，具分生孢子，食物中存在之典型菌種的顏色是藍色－藍綠色，廣存於土壤、空氣、灰塵，以及食物－如麵包、糕餅、水果、蜜餞。故青黴菌泛指肉眼能看見的黴菌的一般總稱。包括青黴屬(Penicillium)的黴菌和麴菌屬(Aspergillus)中的一部分黴菌屬。但是值得注意的是大部分的青黴菌會產生毒汁菌素，但不會引起嚴重的食物中毒，值得考量的是有青黴菌的食物上，必定也有其他有害黴菌存在。

2.4.5　Rhizopus 根狀菌屬

菌絲無橫隔，具分生孢子，孢子呈黑色，廣存於自然界及食物，如水果、糕餅、蜜餞、麵包等物中。如麵包放在桌上，過幾天表面就會長出白色毛毛的黴菌，上面還有一點一點黑色球狀的東西，這就是麵包黴。麵包黴看起來白白的，上面還有一點點黑色球狀的東西，又稱為根黴。當一顆麵包黴的孢子降落在麵包上，如果環境合適，濕度和溫度適中，它們便會萌生發芽，行無性生殖並生長菌絲出來。麵包黴因為能分解澱粉，所以從其菌落中可提製澱粉酶與乳酸。

2.4.6　有益的黴菌

與細菌相同，大部分的黴菌於食品製造業中是占有不可或缺的角色：

1. Aspergillus 麴菌屬

A. sojae 具有強力的蛋白質酵素，用為醬油之製造。食品發酵工業（尤其紹興酒、清酒、味噌）大部分均應用此菌屬。

2. Penicillium 青黴屬

有些菌種可製造抗生素；P. roqueforti 可促進火腿及乾酪之熟成。

3. Rhizopus 根狀菌屬

R. stolonifer 及 R. chinensis 可使澱粉醱酵成酒精。酒精醱酵力較酵母菌弱，只能生成 3~5％，但含有強力糖化酵素，可分解澱粉成為葡萄糖，故廣用為以澱粉為原料釀造酒或製造酒精之糖化菌。

4. Monascus 紅麴黴菌屬

為製造紅露酒之主要菌種；M. purpureus 為製造紅豆腐乳之主要菌種。菌絲呈鮮紅色或紫色。紅麴黴菌，係由中國、馬來西亞等之紅酒麴中分離而得，應用於紅麴、紅露酒、紅豆腐乳之釀造。

食物本身性質極為脆弱，故從事餐飲業者，必須了解各種菌種的特性及其喜好之環境。當食物之氣味、味道、顏色發生變化，此時即食物已受到菌體的影響，若是食用，輕則消化不良，重則喪命，如 Clostridium botulinum（臘腸毒菌），但是若能善加運用各類菌種之特性，則對人體而言，將是利多於弊。

第五節　臺灣地區最常見之致病菌的特性及預防

　　臺灣地區夏季炎熱，其中沙門氏桿菌容易造成幼兒腸胃道疾病，是常見的致病菌，好發於每年的 5~7 月炎熱季節。由於天氣潮濕酷熱，正是沙門氏桿菌繁殖的最佳機會。其傳染途徑是經由糞口傳染、食用已經遭污染的水質或是腐壞的牛奶、乳製品、肉類或海鮮等食物。

　　而臺灣地區食品中毒比率最多則是細菌性，最常見的就是肉毒桿菌、沙門氏桿菌、葡萄球菌、腸炎弧菌及黃麴毒素。肉毒桿菌是指密閉的魚肉類罐頭，假若製備過程殺菌不良，則可能會有肉毒桿菌之產生，故此類罐頭食用之前最好加熱後再食用。舉例來說，一包未經殺菌但有真空包裝的熱狗，其標示如下：「本品絕對不含添加物－硝」，這包熱狗最可能具有下列何種食品中毒的危險因子？答案就是肉毒桿菌。這是因為硝可以抑制肉毒桿菌的生長。沙門氏桿菌的主要媒介食物為禽肉、畜肉、蛋及蛋製品，重點是雞肉須經 74 ℃以上及至少 15 秒的烹調才可去除沙門氏桿菌。葡萄球菌主要因個人衛生習慣不好，如膿瘡或傷口污染，其產生之毒素，就算 120 ℃以上之高溫亦不易被破壞。臺灣地區四周環島，居民多喜食水產食品，而水產食品中，致病菌是以腸炎弧菌最多，而近海魚類遭受腸炎弧菌感染比例甚高，因此處理好的魚類，應放在置物架的下層，以免其他食物受「滴水」污染腸炎弧菌。另外，臺灣地區夏季氣候潮濕，貯存豆類、五穀類時，若濕度過高，容易生黴菌而產生黃麴毒素，對人體有害。

　　一般細菌須在 60 ℃以上或 4 ℃以下，其生長才會受到抑制，換言之，4~60 ℃是細菌好發溫度。當食物遭受到污染，含多量碳水化合物之食品會有發霉現象，含多量蛋白質之食品會有腐敗現象，此時應立即丟棄，不宜食用。

　　所以溫度控制，對細菌有抑制的作用，一般家庭冰箱之溫度大多維持在 4~7 ℃之間。冷藏只可維持新鮮食品數天或數星期。若欲貯藏食品於凍結之狀態。理想之凍藏溫度應該要維持在 –18 ℃以下，冷凍可維持食品新鮮達數月或數年之久。

　　以下再針對各致病菌之特色及預防加以說明：

2.5.1 腸炎弧菌

　　腸炎弧菌是革蘭氏陰性弧菌，具有單極鞭毛，活動性強，不能生成孢子，為好鹽性、兼厭氧性菌。最適合生長的溫度在 30~37 ℃，此菌在含 0.5~10%左右食鹽濃度環境中便可發育，特別是在 2~4%濃度下最適合增長。因此腸炎弧菌分布於海河口水域，及其底泥、懸浮物、浮游生物，以及魚貝類中。在春、夏季時，寄居於貝類及甲殼類的生物體中，冬季，則存活於海底沉澱物中，可經由沉澱物的再次飄浮而循環。

　　由於生鮮魚、貝類常附著有這類細菌，如清洗不完全或加熱不足，則易使該菌快速繁殖致使人發病之菌量，而使攝食者中毒，因此引起腸炎弧菌中毒之食品多以魚貝類為主之食品。至於其他食品，則多半是經由間接污染（如菜刀、砧板、抹布、器具、手指等污染）而引起，例如用處理過海鮮類的器皿來鹽醃過夜黃瓜。腸炎弧菌所引起的食品中毒，多發生於 5~11 月，冬天較少發生中毒，在日本亦多發生於 6~10 月，8~9 月案件特別多。

　　腸炎弧菌，其分裂增殖速度較一般細菌迅速，在環境適宜(30~37 ℃)的食品中，每 10~12 分鐘就增殖 1 倍。若剛捕獲的海產品表面的落菌數約 10^2 個／克，運到市場時落菌數可達 10^3~10^4 個／克，若大於 10^5 個／克即可致病。

　　腸炎弧菌一旦進入人體，潛伏期為 2~40 小時，平均為 12 小時，似乎與食入菌數有關，發病時間縮短，症狀越嚴重。發病期間為 1~5 天（平均為二天），腸炎弧菌引起的食品中毒，主要症狀為嚴重下痢、劇烈腹痛、噁心、嘔吐、頭痛、發燒、寒顫。如果短期劇烈下痢，容易導致脫水死亡，必須補充大量水分，而其發燒溫度通常以 38~39 ℃間之微燒居多。

　　以下提供預防腸炎弧菌引起食品中毒之方法，作為參考：

1. 生鮮魚貝類以自來水充分清洗後冷藏，以抑制微生物繁殖生長。

2. 熟食及生食所使用之容器、刀具、砧板應分開，勿混合使用。手、抹布、砧板和廚房器具於接觸生鮮海產後均應用清水徹底清洗。

3. 廚師調理生鮮海產食物應小心處理，以免污染其他熟食。

4. 確定烹調的海產食物經過 100 ℃充分煮沸加熱；盡量避免生食。

5. 煮熟的食物必須保存於足夠的溫度(>60 ℃)，否則即須迅速冷藏至 4 ℃以下，以抑制微生物的生長。生食與熟食不宜放在同一冰箱或貯藏櫃，若不得已須存放同一地點，熟食也須放在上層，以免遭受生食食品之污染。

2.5.2 金黃色葡萄球菌

金黃色葡萄球菌為革蘭氏陽性、通性嫌氧、不會形成孢子。最適生長溫度 35~37 ℃。廣存於自然界，附著於人的皮膚、口腔、鼻、喉等黏膜，一旦有傷口時即侵入內部引起化膿，如操作時不注意，極易因化膿之傷口及咽喉炎分泌物污染食品。

造成食品中毒之主要原因為本菌分泌之腸毒素，至少有五種(A、B、C、D、E)，都是蛋白質結構，腸毒素對熱極為穩定，以 100 ℃加熱 30 分鐘，仍不會被破壞。已污染之食品經加熱後，雖將菌殺死，但因腸毒素為耐熱性，因此，殘留毒素量較多時仍會中毒。金黃色葡萄球菌最適生長溫度是 37 ℃，而腸毒素亦以 37 ℃為最易生長溫度。

金黃色葡萄球菌在碳水化合物及蛋白質含量較高之食品上生長時，容易產生腸毒素，所以金黃色葡萄球菌引起食物中毒的原因，最常見的是吃了受污染的火腿等肉製品、乳製品、魚貝類便當或生菜沙拉等所致。通常食入受污染之食品後，約經 1~6 小時（平均為 3 小時）的潛伏期後發病。前期症狀為頭痛、唾液分泌量增多，然後開始激烈嘔吐，並伴隨下痢或腹痛，症狀雖激烈，但數小時至一日即能回復。不發燒為特徵，死亡率幾乎為零。

以下提供預防因金黃色葡萄球菌引起之食品中毒案件之幾點方法，供作參考：

1. 身體有傷口、膿瘡、咽喉炎、濕疹者不得從事食品之製造調理工作。

2. 調理食品時應戴衛生之手套、帽子及口罩，並注重手部之清潔及消毒，以免污染食品。

3. 調理食品所用之砧板、刀子等應確實保持清潔。

4. 生鮮食品應保持新鮮，並應盡速作適當之處理，短期間（兩天內）即作調理之食品，可於 4 ℃以下冷藏庫保存，若超過兩天以上者務必冷凍保存。

5. 保持冷藏庫、冷凍庫之清潔，避免食品貯存冰箱中受到污染。

2.5.3　仙人掌桿菌

仙人掌桿菌係革蘭氏陽性、好氧性產孢菌，最適生長溫度為 28~35 ℃間，主要存在於土壤中，而在少部分正常的人體中也會存在。由於其孢子在煮沸的食品中可以維持數分鐘至數小時，因此在煮過的食品中仍能存活。而已加熱過且水分較高之食品中如含有該菌，仙人掌桿菌放在 60 ℃以下、室溫或室溫以上保溫時，則可能在數小時之內可以繁殖到每公克數百萬個，該菌分泌之腸毒素使得這些食品變成有毒。

仙人掌桿菌在多數煮過的食品中皆生長良好，例如：肉類、雞肉、醬汁、布丁、湯、飯、馬鈴薯和蔬菜。食品保溫未達 60 ℃以上，或未冷藏於 4 ℃以下，此菌可以增殖，造成食品中毒。

仙人掌桿菌食品中毒可分為嘔吐型與下痢型：

1. 嘔吐型仙人掌桿菌所產生的腸毒素，潛伏期為 1~5 小時會造成噁心、嘔吐之不適現象。

2. 下痢型仙人掌桿菌，潛伏期較嘔吐型者為長，為 8~16 小時，會造成腹痛、水樣下痢症狀。

為預防造成仙人掌桿菌中毒，建議食品調理後盡快食用，避免長期保存，尤其不可於室溫下貯存。食品如不立即供食，應冷藏保存於 7 ℃以下或保溫在 60 ℃以上。

2.5.4　肉毒桿菌

肉毒桿菌屬革蘭氏陽性、嫌氧產孢菌，最適生長溫度 30~36 ℃。在自然界中分布甚廣，任何地區的土壤中，幾乎都有其棲息，故任何食物均有被其污染的可能。該細菌本身是無害的，人類每天均有可能隨著食物吃下這種細菌，而且在糞便中，仍可分離出其孢子。但因其並不能在人或動物的腸道內產生毒素，故不會發生中毒現象。但肉毒桿菌在缺氧狀態下易增殖而產生毒素，如攝食到肉毒桿菌毒素，則導致肉毒桿菌中毒。肉毒桿菌，從免疫學上可區分出 A、B、C、D、E、F、G 型，主要引起人們中毒者是 A、B、E 三型毒素，另只有極少數案件是 F、G 型毒素造成。

一歲以下之嬰兒，因免疫系統尚未健全，且腸道菌叢亦未發展完全，食用蜂蜜，肉毒桿菌可能會在腸道內產生毒素，而造成虛弱、便秘、呼吸衰竭，甚至死亡之危險性，故一般建議，一歲以下嬰兒不可食用蜂蜜，但一歲以上的幼兒及成人，並沒有這種危險性。

迄今，所知的所有生物性毒性中，以肉毒桿菌毒素的毒性最為強烈，對人的致死量約為 1mg/Kg。肉毒桿菌毒素被攝食後，通常在 12~36 小時左右產生神經系統障礙之症狀，但也可能潛伏 8 天才發生。肉毒桿菌中毒的初期徵象為疲倦、軟弱無力及頭暈，通常會發生視覺模糊或重疊，繼之則會產生說話及吞食困難、肌肉軟弱、呼吸困難、腹部不適等一般症狀，病期可能數週至數月。以往因肉毒桿菌毒素所造成之中毒案件，死亡率約為 60%，現雖使用抗毒血清，但仍會造成 20% 之死亡率，故不可不慎。

肉毒桿菌必須在下面幾個條件都適宜下，才會生長並產生毒素：

1. 產品之酸鹼值(pH)必須在 4.6 以上。

2. 產品之水活性(Aw)必須在 0.85 以上。

3. 產品之貯存溫度必須在 3.3 ℃以上。

4. 產品之貯存條件必須在密閉之無氧狀態下。

因此如何避免肉毒桿菌中毒的危險，最可靠的方法是將加工食品中肉毒桿菌及其耐熱孢子加以破壞，或使食品改變環境，使其不適合肉毒桿菌之生長，加工方法有如下數種：

1. 將食品酸化，使 pH 值控制在 4.6 以上，例如酸化之醃製罐頭食品、水果罐頭食品等。

2. 將食品之水活性降低至 0.85 以下：利用糖漬、鹽漬或乾燥方式，將食品之水活性降低，使肉毒桿菌不適宜繁殖生長。於 25 ℃下，砂糖濃度 67.2%或食鹽濃度 19.1%，此時水活性即為 0.85。

3. 保持在低溫下：一般保存在 3.3 ℃以下之低溫，即可抑制肉毒桿菌之生長，但通常保持於 7 ℃以下之低溫流通，就不太可能有肉毒桿菌中毒之危險性，故冷凍、冷藏食品，對預防肉毒桿菌中毒有其特殊意義。

4. 謹慎使用真空包裝：真空包裝雖抑制黴菌之生長，但卻為適合肉毒桿菌生長之環境，故含高水分之真空包裝食品，必須低溫保存，以確保安全。

法・規 ⚖ 彙・編

109 年 10 月 6 日署授食字第 1011902832 號公告

衛生福利部參考國際管理趨勢，風險性評估、國內各界需求及意見，於 109 年 10 月 6 日發布訂定〈食品中微生物衛生標準〉，並將於 110 年 7 月 1 日起實施。

第 1 條　　本標準依食品安全衛生管理法（以下簡稱本法）第 17 條規定訂定之。

第 2 條　　本標準之訂定範圍，包括食品微生物及其毒素或代謝物，不包括真菌及其毒素。

第 3 條　　食品中之微生物及其毒素或代謝物限量，應符合附表之規定。（詳見以下附件）

第 4 條　　食品有本法第 15 條第 1 項第 4 款及本法施行細則第 6 條規定情事者，依違反本法第 15 條第 1 項規定辦理。

第 5 條　　本標準自中華民國一百十年七月一日施行。

🍲 附表

1.乳及乳製品類						
食品品項		微生物及其毒素、代謝產物	採樣計畫		限量	
			n	c	m	M
1.1 鮮乳、調味乳及乳飲品 1.2 乳粉、調製乳粉及供為食品加工原料之乳清粉 1.3 發酵乳 1.4 本表第 1.6 項所列罐頭食品以外之煉乳		腸桿菌科	5	0	10 CFU/mL (g)	
		沙門氏菌	5	0	陰性	
		單核球增多性李斯特菌	5	0	陰性	
		金黃色葡萄球菌腸毒素	5	0	陰性	
1.5 乾酪 (Cheese)、奶油 (Butter)及乳脂(Cream)		大腸桿菌	5	2	10 MPN/g (mL)	10 MPN/g (mL)
		沙門氏菌	5	0	陰性	
		單核球增多性李斯特菌	5	0	陰性	
		金黃色葡萄球菌腸毒素	5	0	陰性	

| 1.6 | 罐頭食品 [1]：保久乳、保久調味乳、保久乳飲品及煉乳 | 經保溫試驗（37 ℃，10 天）檢查合格：沒有因微生物繁殖而導致產品膨罐、變形或 pH 值異常改變等情形。 | | | | |

2.嬰兒食品類 [2]						
食品品項	微生物及其毒素、代謝產物	採樣計畫		限量		
		n	c	m		M
2.1 嬰兒配方食品 2.2 較大嬰兒配方輔助食品 2.3 特殊醫療用途嬰兒配方食品	腸桿菌科	10	0	10 CFU/g (mL)		
	沙門氏菌	10	0	陰性		
	單核球增多性李斯特菌	10	0	陰性		
	阪崎腸桿菌（屬）[3]	10	0	陰性		
2.4 本表第 2.5 項所列罐頭食品以外之其他專供嬰兒食用之副食品 [4]	大腸桿菌	5	2	陰性		10 MPN/g (mL)
	沙門氏菌	5	0	陰性		
	單核球增多性李斯特菌	5	0	陰性		
2.5 罐頭食品 [1]：其他供直接食用之嬰兒罐頭食品，如：液態即食配方奶肉泥、水果泥、蔬菜泥等	經保溫試驗（37 ℃，10 天）檢查合格：沒有因微生物繁殖而導致產品膨罐、變形或 pH 值異常改變等情形。					

3.生鮮即食食品 5 及生熟食混和即食食品類 [6]		
食品品項	微生物及其毒素、代謝產物	限量
3.1 生鮮即食水產品 3.2 混和生鮮即食水產品之生熟食混和即食食品	沙門氏菌	陰性
	腸炎弧菌	100 MPN/g
	單核球增多性李斯特菌	陰性
3.3 生鮮即食蔬果 3.4 混和生鮮即食蔬果之生熟食混和即食食品	大腸桿菌	10 MPN/g
	大腸桿菌 O157:H7 [7]	陰性
	沙門氏菌	陰性
	單核球增多性李斯特菌	陰性
3.5 供即食之未全熟蛋及含有未全熟蛋之即食食品	沙門氏菌	陰性

4.包裝／盛裝飲用水及飲料類		
食品品項	微生物及其毒素、代謝產物	限量
4.1 包裝飲用水及盛裝飲用水	大腸桿菌群	陰性
	糞便性鏈球菌	陰性
	綠膿桿菌	陰性
4.2 含碳酸之飲料（如：汽水、可樂及其他添加碳酸之含糖飲料）	腸桿菌科	陰性
4.3 本表第 4.7 及 4.8 項所列種類以外之其他還原果蔬汁、果蔬汁飲料、果漿（蜜）[8]及其他類似製品	腸桿菌科	陰性
4.4 本表第 4.7 及 4.8 項所列種類以外之其他以食品原料萃取而得之飲料（包括腸桿菌科陰性咖啡、可可、茶或以穀物、豆類等原料萃取、磨製而成，供飲用之飲料）		
4.5 未經商業殺菌之鮮榨果蔬汁、添加少於 50%乳品且未經商業殺菌之含乳鮮榨果蔬汁	大腸桿菌	10 MPN/mL
	大腸桿菌 O157:H7 7	陰性
	沙門氏菌	陰性
4.6 本表第 4.7 項所列種類以外之其他發酵果蔬汁（飲料）、添加乳酸調味之酸性飲料、添加發酵液（含活性益生菌）之飲料	腸桿菌科	陰性
4.7 本表第 4.5 項所列種類以外之其他即時調製、未經殺菌處理，且架售期少於 24 小時之飲料	腸桿菌科	10 CFU /mL
	沙門氏菌	陰性

4.8 罐頭食品[1]：罐頭飲料	經保溫試驗（37 ℃，10 天）檢查合格：沒有因微生物繁殖而導致產品膨罐、變形或 pH 值異常改變等情形。	

5.冷凍食品及冰類

食品品項	微生物及其毒素、代謝產物	限量
5.1 食用冰塊	腸桿菌科	10 CFU/g (mL)
5.2 冷凍即食食品[5]，包括：冰品，如:冰淇淋、義式冰淇淋、冰棒、刨冰、聖代、雪酪、冰沙等。冷凍水果。 5.3 本表第 5.6 項所列種類以外之其他經加熱煮熟[9]後再冷凍之食品，僅需解凍或復熱即可食用者，包括：冷凍熟蔬菜	沙門氏菌	陰性
5.4 冷凍非即食食品 -須再經加熱煮熟[9]始得食用之冷凍食品 -非供生食之冷凍生鮮水產品	沙門氏菌	陰性
	腸炎弧菌	100 MPN/g
5.6 經加熱煮熟[9]後再冷凍之水產品，僅需解凍或復熱即可食用者	沙門氏菌	陰性
	腸炎弧菌	陰性

6.其他即食食品類

食品品項	微生物及其毒素、代謝產物	限量
6.1 本表第 1 類至第 5 類食品所列以外之其他經復水或沖調即可食用之食品 6.2 本表第 1 類至第 5 類食品所列以外之其他即食食品，以常溫或熱藏保存者	金黃色葡萄球菌	100 CFU/g (mL)
	沙門氏菌	陰性
	單核球增多性李斯特菌[10]	100 CFU /g (mL)

6.3	本表第 1 類至第 5 類食品所列以外之其他即食食品，以冷藏或低溫保存者，包括： -經復熱後即可食用之冷藏或低溫即食食品（如：18 ℃鮮食） -冷藏甜點、醬料等	
6.4	本表第 1 類至第 5 類食品所列以外之其他罐頭食品[1]	經保溫試驗（37 ℃，10 天）檢查合格：沒有因微生物繁殖而導致產品膨罐、變形或 pH 值異常改變等情形。

7.液蛋類 [11]		
食品品項	微生物及其毒素、代謝產物	限量
7.1 殺菌液蛋（冷藏或冷凍）	沙門氏菌	陰性
7.2 未殺菌液蛋（冷藏或冷凍）	總生菌數	10^6 CFU/g

備註：

1. 本附表中有關「採樣計畫」及「限量」之代號意義表示如下：

   「n」：同一產品之採樣件數

   「c」：允許檢測結果≧「m」並≦「M」之樣品件數

   「m」：可接受的微生物限量

   「M」：最大安全限量

2. 檢驗結果之判定，在 n 個樣品中，允許有≦c 個樣品之微生物檢驗值介於 m 和 M 之間，但不得有任何一個樣品之檢驗值＞M。

3. 「m=M」之情況下，任何一個樣品之檢驗值均不得＞m 或 M。

註：

1. 符合食品良好衛生規範準則中針對罐頭食品及商業滅菌處理要求者。

2. 本表所指之嬰兒食品，係指專門提供 12 個月以下嬰兒食用之食品。

3. 阪崎腸桿菌項目之檢驗，僅適用於可提供 6 個月以下嬰兒食用之食品。

4. 其他可提供 12 個月以下嬰兒食用之食品，包括穀物類輔助食品及以乳為基質成分之飲料及其製品。

5. 指直接提供消費者食用之食品，不再經加熱或其他可有效消除或降低微生物含量之處理。

6. 同時含有「生鮮即食水產品」、「生鮮即食蔬果」、「未全熟蛋」兩種以上之生熟食混和即食食品,從嚴合併適用混和生食種類規範之微生物項目。

7. 大腸桿菌如「陰性」,得不用加驗大腸桿菌 O157:H7。

8. 濃糖果漿(含還原果汁或天然果汁 50%以上,並添加糖,總可溶性固形物在 50° Brix 以上,供稀釋後飲用者)不適用。

9. 「加熱煮熟」係指產品加熱之條件足可確保產品能供即食。

10. 屬「不易導致李斯特菌生長之即食食品」者,無須檢測李斯特菌。所稱「不易導致李斯特菌生長之即食食品」需符合以下條件之一:

    (1) pH 值低於 4.4;

    (2) 水活性低於 0.92;

    (3) 同時符合 pH 低於 5.0 和水活性低於 0.94 的產品;

    (4) 添加可抑制李斯特菌生長之抑制劑(inhibitors),且可提出相關科學證據。糖、蜂蜜、糖果類(含可可及巧克力)及食鹽等產品,且符合上開條件之一者,無須檢測李斯特菌。

11. 供為液蛋之原料蛋來源,應符合食品安全衛生管理法之規定,且符合以下條件之一:

    (1) 其蛋殼應完整無裂痕

    (2) 蛋殼受損但蛋殼膜仍完整,無外在污垢黏附,且內容物無洩漏。

1. 微生物污染食品的來源有哪些？

2. 細菌中，何菌種可致細菌性痢疾？

3. 細菌中，何菌種可致傷寒及副傷寒熱？

4. 細菌中，何菌種可忍受高鹽濃度？

5. 細菌中，何菌種之存在與否可做為食品是否有受糞便污染之指標？

6. 請任舉二種有益之細菌，並說明其功用？

7. 請任舉二種有益之黴菌，並說明其功用？

8. 為歐洲製造啤酒「後發酵」過程之酵母菌為何？

9. 請說明如何預防金黃色葡萄球菌引起之食物中毒？

CHAPTER

03

食物中毒

FOREWORD

前言

　　由於近年社會結構改變，人們不論飲食或洽商等行為，常於餐旅業之餐館、咖啡吧、飲料等地進行，故餐旅業從業人員具有良好衛生習慣是一定的要求。除了保持個人良好衛生習慣外，對餐旅內外場境衛生也必須特別注意，即便是相關器皿、機具每次用後也必須洗淨、消毒及殺菌；對於食材的選購，貯存也須有一定的程序及標準；例如食物應防止「外熟內生」的現象，避免病菌滋生；又如須能識別有毒及無毒之動植物，如野磨菇、野果、河豚等。本章節，即針對餐旅「平常」、「常見」病原加以敘述，以增加從業人員之衛生觀念。

第一節　食物中毒的定義

　　餐飲業的經營主要是提供給顧客一個安全衛生的餐點，若是有兩位或兩位以上的顧客享用相同食物，然卻發生同樣的疾病或不適症狀，此時不得不讓人想到，這是一起食物中毒案件。什麼是食物中毒？依餐飲安全與衛生的觀點來看，由於採購部門購買來源不明或不合格廠商的食材，包含食物中本身已有病原細菌或寄生蟲、食物本身有毒、種植或養殖或製造過程不當的農藥、殺蟲劑、著色劑、防腐劑之使用與工業化學物質的污染，再加上驗收儲藏後，沒有適當的貯存設備或超過貯存期限，且廚房食材處理，供餐服務人員及器具未符合安全衛生要求，甚至於供餐時間過長，將致於造成用餐者於餐後 2~5 小時內發病。也就是說，顧客或消費者食用已被病原性微生物或是有毒化學物質及其他毒素污染的食品而引起之疾病則稱之為食物中毒；食物中毒的顧客或消費者，其症狀包含消化系統之嘔吐、腹痛、腹瀉等，此乃消化系統異常現象；而神經系統異常現象之症狀，如頭暈、複視（看物體一個變兩個）、眼瞼下垂、吞嚥及說話困難，甚至四肢無力、無法站立及便秘等。如上所述，若是有兩位或兩位以上的顧客享用相同食物且發生同樣的疾病或不適症狀，則可能是一起食物中毒案件。但若顧客或消費者，食用了含肉毒桿菌素或急性化學物質之食品而引起中毒時，雖只有一人，也視之為中毒案件。

第二節　食物中毒原因

供給顧客安全衛生的食物是餐飲業者對本身最基本的要求，業者當然不希望顧客用完餐後有任何不適症狀，這不僅造成聲譽不佳，嚴重者關門倒閉，甚至背負官司糾纏，把原本快樂的餐飲事業，變成終其一生的頭痛及遺憾的事業，所以欲從事餐飲工作者，必須對食品中毒的因素詳加了解；在餐旅服務業中，最常看到導致顧客或消費者食品中毒的原因，從採購、處理或貯存、製備、到顧客或消費者口中，可能引發中毒的原因，如後所述：

1. 食品本身即為有毒物質或含有毒物質。

2. 不安全的食品或食物來源。

3. 設備不足或洗滌、消毒不當。

4. 生鮮食品之交互污染。

5. 食品冷卻處理不當。

6. 食品加熱處理不當。

7. 食品熱貯存處理不當。

8. 食品復熱處理不當。

9. 食物製備與實際供餐時間過長。

10. 內外場工作人員患病或衛生習慣不良。

知其所以然，且須知如何防患於未然，才是本章節敘述之重點，茲將引發四大中毒原因，包括細菌性、化學性、天然毒素及病毒性（具宿主特性，故較不易由食物感染到此病毒）等，依照實際舉例加以說明如下：

3.2.1　食物本身已有病原細菌或寄生蟲

例如在動物食品中，有許多本身已帶有病之細菌或寄生蟲，然卻經由不合格的屠宰人員處理，將之販賣於肉品市場；或是在植物類食品，由於農藥或除蟲劑未將病菌及寄生蟲完全消滅，而致人食用後，造成中毒現象，多為細菌性食物中毒。

3.2.2 食物本身有毒

　　許多的動物或植物本身，即含有對人類有毒的物質，而人類也常因其外型類似無法分辨，而誤食產生中毒現象，例如日本人所酷愛食用之河豚，據悉河豚於產卵期時，其血、卵及頭部所含毒素極強，若誤食後，約半小時至兩小時，即會產生口唇發麻、嘔吐、頭痛等症狀，嚴重者感覺麻痺、運動失調、血壓下降、甚至死亡，由於河豚毒素具耐熱性，於 100 ℃加熱 30 分鐘，僅能破壞毒素 20%左右，但此河豚毒素卻極易被強酸或強鹼破壞。又如魚貝類不新鮮，則會引致組織胺食品中毒，顧客或消費者食用後，會產生顏面潮紅、皮膚有紅疹塊等症狀。另外，有一些野生菇類，雖色澤美麗，然所含毒素正好與其奪目的外表一樣，會奪走誤食者的性命。此即為天然毒素食物中毒。

3.2.3 不當農藥、殺蟲劑、著色劑、防腐劑之使用

　　農藥及殺蟲劑是針對有礙植物或動物生長之病菌或寄生蟲，然而卻因使用劑量超過規定，或使用期距離收成期過短，而造成植物體或動物體在被顧客或消費者食用時，仍有殘餘的藥劑；有時在食品初步加工時，放入超過含量的著色劑及防腐劑，以致於顧客或消費者食用後產生中毒現象。此即為化學性食品中毒。顧客和消費者攝食含殘餘農藥，殺蟲劑、著色劑及防腐劑等食品後，約數分鐘甚至 2、3 小時後，即產生呼吸急促或困難、流口水、發汗、肌肉麻痺或痙攣等神經性症狀。

3.2.4 工業化學物質的污染

　　工業化學的廢氣、廢水污染，造成植物在種植過程即已受化學物質之污染，動植物體本身在長期接觸廢氣及廢水，其體內所受污染源，隨著人類食用進入人體，造成食物中毒；會發生此類食物中毒的化學物質含銅、鉛、氟、汞、鋅、砷、銻及多氯聯苯，此即為化學性食物中毒。這些因為重金屬而引起之食品中毒，顧客或消費者在攝食後，約 1 小時，即產生嘔吐、腹痛、腹瀉，甚至胃部灼熱、無尿及痙攣等症狀。

3.2.5　不當的貯存設備及方法或超過使用期限

一般而言，冷凍設備的溫度應在-18 ℃以下，冷藏溫度也應當在 5 ℃以下，且裝置容量以不超過 60%，以利冷氣之充分循環，使貯存之食品確實冷凍或冷藏。而乾料類所在之倉庫，也應避免混合堆積，或直接接觸空氣，且貯存期限不可過久，不僅造成呆貨廢料，甚至於餐飲業經營中造成食材庫存量高，現金週轉率低。

3.2.6　不當的烹飪及盛裝器皿

動手烹飪食材之前，有些部分必須去除，否則一旦烹飪完畢，則整鍋食物已全被污染，人類食用後當然馬上病發，例如前述河豚之卵、卵巢、頭部及血，須於烹飪前去除；又如酸性類食物之烹煮不可使用銅、錫、鉛、鋅等金屬容器，否則食材中之維生素容易被氧化而產生中毒現象。

3.2.7　食材處理員或供餐旅服務務人員污染

餐飲從業人員對食材特性不了解，衛生常識不足或衛生習慣不良，或是抱病或帶傷，而從事製備及服務之工作，其本身所帶之病菌及細菌，極有可能藉由食材或器皿而傳染給用餐者，造成食物中毒。

3.2.8　食材長時間曝露於空氣中

眾所皆知，食品的「危險溫度」是 41 ℉(5 ℃)~135 ℉(57 ℃)，而此溫度正是通常的室內溫度，多數細菌於此溫度均加速繁殖，而最快速生長的溫度是介於 70 ℉(21 ℃)~120 ℉(49 ℃)，尤其是經過冷凍或冷藏過的食品，因為在其冷凍冷藏時，只是中止細菌之繁殖而非殺死細菌，故一旦解凍，其細菌甦醒且快速活躍起來，所以此時最重要的便是要迅速加熱食品。

第三節　疑似食品中毒事件處理要點

依據行政院衛福部於中華民國 109 年 3 月 9 日 FDA 食字第 10913000465 號函修正修正，其所訂定之疑似食品中毒案件處理要點，如下：

一、為執行《食品安全衛生管理法》第 6 條第 1 項規定，蒐集並受理疑似食品中毒事件之通報，各級主管機關應依本要點附件一處理流程辦理疑似食品中毒事件之通報、調查、採樣、檢驗、處理及報告。

二、發生疑似食品中毒事件，醫療機構應依《食品安全衛生管理法》第 6 條規定於 24 小時內向當地主管機關報告。

三、當地衛生局於接到疑似食品中毒事件通報後，應即派員調查食品中毒發生經過，追查可疑食品來源及其貯藏、處理與烹調方法，並至食品中毒案件通報調查管理系統填寫「食品中毒事件調查簡速報告單」，傳送予相關衛生局及食品藥物管理署(註一)。

（一）食品（藥）科（處、課）負責可疑食品來源及其製造場所之調查處理，包括供應食品場所之稽查輔導、食品製程、製造環境等。

（二）主辦及協辦之地方政府衛生局分工原則如下：

　　1. 有下列情況者，應為主辦地方政府衛生局：

　　　(1) 涉嫌食品之食品供應者所在之縣市。

　　　(2) 可能涉嫌之食品供應者不只一處，則以首位就醫個案症狀發生前用餐場所之食品供應者所在之縣市。

　　2. 其它與案件相關之縣市為協辦地方政府衛生局。

（三）疑似食品中毒案件符合「中毒人數達 50 人或以上者」、「食品中毒事件有持續擴散之虞」、「社會大眾關注事件」、「病因物質特殊者（如肉毒桿菌、麻痺性貝類毒素等）」或「其他特殊因素」等原則，得填寫支援申請單向疾病管制署申請啟動流行病學調查(附件二)，食品藥物管理署得派員參與調查。肉毒桿菌中毒通報案件，應依「疑似肉毒桿菌中毒案件處理原則」(附件三)處理。

四、 疑似食品中毒事件相關檢體之採樣分工原則如下：

（一）食品檢體（食餘、嫌疑食品等）及環境檢體（刀具、砧板、飲用水、洗滌水等）：由衛生局食品（藥）科（處、課）主辦。

（二）人體檢體包括患者糞便及廚工檢體（糞便、手部傷口等）：由衛生局疾管科(處、課)主辦；疑似食品中毒事件有人體檢體送驗需求時，需由衛生局疾管科（處、課）至疾病管制署「症狀監視及預警系統」通報腹瀉群聚事件，並循此流程採檢送驗。

五、 疑似食品中毒事件相關檢體之檢驗分工原則如下：

（一）由衛生局檢驗單位（或食品藥物管理署認可機驗機構）進行食品及環境檢體檢驗。

（二）由疾病管制署（或其認可檢驗機構）進行人體檢體檢驗。

（三）衛生局檢驗單位因設備不足無法檢驗或有傳染性疾病之嫌疑時，且食品藥物管理署認可檢驗機構亦無法檢驗時，應儘速檢同「食品中毒事件調查簡速報告單」及相關檢體，以適當方法遞送中央主管機關檢驗。

六、 疑似食品中毒事件經調查、採樣及檢驗後，應予適當處理：

（一）涉嫌重大之產品須採取必要之預警或控管措施，並立即將詳細資料轉陳食品藥物管理署或有關單位協助處理。

（二）對於各該食品業者，得命其限期改善或派送相關食品從業人員至各級主管機關認可之機關（構），接受至少 4 小時之食品中毒防治衛生講習；調查期間，並得命其暫停作業、停止販賣及進行消毒，並封存該產品。

（三）經衛生局進行稽查結果，食品業者之從業人員、作業場所、設施衛生管理及其品保制度，未符合食品之良好衛生規範準則，經命其限期改正，屆期不改正者，依《食品安全衛生管理法》第 44 條進行裁處。

（四）涉嫌食品經檢驗確認有毒或含有害人體健康之物質或異物，或染有病原性生物，或經流行病學調查認定屬造成食品中毒之病因，依《食品安全衛生管理法》第 44 條進行裁處，涉嫌食品應予沒入銷毀。命限期回收銷毀產品或為其他必要之處置後，食品業者應依所定期限將處理過程、結果及改善情形等資料，報直轄市、縣（市）主管機關備查。

（五）致危害人體健康者，應檢具案件完整之調查報告（包括檢驗結果、流行病學調查結果及其它相關資料），移送司法機關。

（六）學校、機關、團體自辦團體膳食不論自辦或委辦，因其關係眾多食用者之飲食衛生及身體健康，故均應妥善管理。食品安全衛生管理法之規範對象，包括所有行為人，並不限於食品業者，故自辦團體膳食者，亦應遵守該規定。

（七）食品中毒事件，若未進行病原性生物之檢驗或經檢驗而未能檢驗出 病原性生物時，仍可依患者之訪談紀錄及合格醫師之診斷，就具體事件應用流行病學之科學原理進行研判，結果明顯與某食品有因果關係且涉有嫌疑時，即應移送司法機關。

（八）涉及農畜禽水產品等生鮮原料食品引起之食品中毒事件，儘速聯繫有關單位或食品藥物管理署，協調農業主管機關決定因應措施。處理原則如下：

1. 請農業主管機關將可能涉案之農畜禽水產品封存，暫停販賣、陳列，會同農業單位調查生產過程是否違法使用農藥、動物用藥，並請農業主管機關暫停農畜禽水產品採收。

2. 檢驗結果若確定係造成中毒之原因食品，將涉案之農畜禽水產品會同縣市農業單位銷毀，並迅速告知農業主管機關，除非危險因素解除，否則應請農業主管機關禁止該生產農戶產品之上市。

七、 疑似攝食食品造成個案死亡之案件，處理原則如下：

（一）經查確為食品中毒致死，由衛生局進行相關食品之調查、採樣、封存、消毒、追蹤及檢驗。

（二）不明原因及惡意下毒致人體產生危害或死亡之案件，屬司法案件，相關檢體由司法體系檢驗系統進行檢驗。如司法機關委託衛生局進行檢驗，可視本身檢驗能力考慮是否接受，如司法機關委託代轉，應婉拒並請其逕洽中央主管機關，以免耽誤時效及發生檢驗項目因設備不足無法代驗之困擾。

八、 地方政府衛生局應將疑似食品中毒事件調查過程、檢驗資料及處理結果報告中央主管機關：

（一）傳染病：由疾管科（處、課）彙整陳報。

（二）食品中毒：由食品（藥）科（處、課）彙整陳報。

（三）食品中毒事件由食品藥物管理署進行資料彙整及統計。

（四）經研判為法定傳染病相關食品中毒事件，由食品藥物管理署與疾病管制署依分工發布新聞稿。

第四節 預防食物中毒要點及食物中毒事件處理流程

綜合以上所述，餐旅服務業於整個作業流程中，若預預防食物中毒狀況發生，可由下列七個要點來做控管：

1. 要點一：食材採購。

2. 要點二：原料貯存。

3. 要點三：前處理。

4. 要點四：烹調。

5. 要點五：熟食處理。

6. 要點六：剩餚食品。

7. 要點七：內外場人員健康。

3.4.1 食材採購要點

1. 肉、魚貝、蔬果要新鮮（肉類可選擇 CAS 標誌的產品或具有屠宰衛生檢查合格證明者）。

2. 有標示的罐頭包裝食品不能凸罐、破損及逾保存期限。

3. 乾燥原料不能受潮。

4. 販售中之冷凍、冷藏食品是否仍保存在冷凍、冷藏狀態。

3.4.2 原料貯存要點

1. 須冷凍、冷藏之食品到家或到達餐飲店後即刻冷凍、冷藏。

2. 冷凍、冷藏庫不可貯存太滿的食物，宜留下 30~40%空間。

3. 冷凍溫度維持在–18 ℃以下，冷藏庫溫度維持在 4 ℃以下。

4. 肉、魚貝等生鮮食品須裝在塑膠袋或容器內貯存。

5. 生原料與熟食的冷藏庫最好分開，否則生原料與熟食應分區置放或將熟食置於上架，生原料置於下架，避免「滴水」污染。

6. 貯存之原料使用時，採先進先出為原則。

3.4.3 前處理要點

1. 處理生鮮原料，尤其是魚、肉、蛋之前後要洗手。

2. 如有接觸動物、上廁所、擦鼻涕等情形均要洗手。

3. 生的魚、肉勿碰觸到水果、沙拉或已烹調完成之食品。

4. 分別準備魚、肉、蔬果用的菜刀及砧板並加以標示以利區別。

5. 解凍可以冷藏庫或微波爐解凍，以一次所需烹調量解凍為佳。

6. 與生鮮原料尤其是動物性來源接觸之抹布、菜刀、砧板、鍋刷、海綿及其他容器、器具設備等均須清洗消毒（可以漂白劑浸泡過夜，可以熱水沖燙更為安全）。

3.4.4 烹調要點

1. 食用前不須加熱之生冷食物，如沙拉、豆干、泡菜、滷蛋等不應放置室溫下，調理應立即冷藏。

2. 加熱食物要充分煮熟，食物之中心溫度須達 75 ℃，1 分鐘以上。

3. 中途停止烹調之食品須冷藏，再烹調時要充分加熱。

4. 使用微波爐，容器要蓋好，並注意烹調時間。

3.4.5　熟食處理要點

1. 為防範烹煮後食物因切、剁或不潔手部、容器等再度污染，要馬上食用。

2. 不能用手觸摸熟食。

3. 不要將熟食置於室溫半小時以上，否則應熱存或迅速冷卻。熱存溫度 60 ℃以上（腸炎弧菌增殖速度較一般細菌迅速，在 30 ℃左右，每 10~12 分鐘就可增殖一倍）。

4. 熟食冷卻宜使用淺而寬的盤子，容器及食物的高度不宜超過 10 公分，冷卻時不要將容器堆積在一起，上下左右應留有 5 公分間隔。

3.4.6　剩餚食品要點

1. 收拾剩餚食物前要洗手，並以乾淨的器皿貯存冷藏。

2. 剩餚食物復熱時須充分加熱，食物中心溫度須達 75 ℃以上。

3. 感覺有異味時，應即丟棄勿食用。

3.4.7 食品中毒事件處理流程

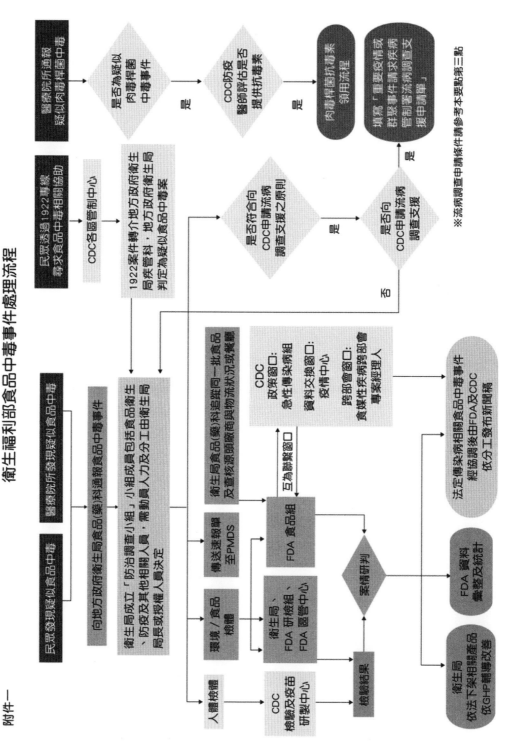

衛生福利部食品中毒事件處理流程

附件一

※ 流病調查申請條件請參考本要點第三點

※ 檢驗採樣數量請參考100年6月16日署授食字第1001901672號公告修正之食品衛生檢驗項目暨抽樣數量表（如檢驗食因性病原微生物：200~450公克）

※ 檢體採樣數量請參考100年6月16日署授食字第1001901672號公告修正之食品相關產品

3.4.8　內外場人員健康要點

1. 下痢、感冒或皮膚外傷感染者宜休息，避免從事與食物接觸之工作。

2. 「預防食物中毒三原則」就是防止食物中之毒菌污染、增殖、滅菌。

3. 「預防食物中毒七要點」係依此三原則要成，食物之清潔、衛生勝於美觀。實行簡單的方法就可預防餐飲食物中毒。

4. HACCP 是最新的管理方法，除了食物工廠外，家庭及餐飲業均能適用。

　　又由於我國已經步入開發國家行列，政府相關機構不得不訂立各項證明標章制度，除了提升各項相關產品品質外，最重要的是消費者意識抬頭，而證明標章，其主要用意，在證明某一來源的商品具有特定的特性、品質、精密度、產地或其他事項；所以證明標章所有人必須訂定使用規範，凡經證明標章所有人或其授權之實驗室檢驗查證具備使用規範所載的條件，可授權廠商使用於符合該條件的商品或服務。依據行政院農委會農糧署、行政院農委會漁業署、行政院農委會動植物防疫檢驗局、經濟部工業局、財政部國庫署、經濟部標準檢驗局等，所公告之內容，茲摘要並簡敘各證明標章如下：

1. CAS 優良農產品標章：CAS(Chinese Agricultural Standards, CAS)標章是國產農產品及其加工品最高品質的代表標幟。CAS 標章也是行政院農業委員會依據發展「優質農業」及「安全農業」的理念，自民國 78 年起著手推動的證明標章，至今已普遍獲得國人的認同和信賴，並已成為國產優良農產品的代名詞。目前 CAS 驗證品項計有肉品、冷凍食品、果蔬汁、食米、醃漬蔬果、即食餐食、冷藏調理食品、生鮮食用菇、釀造食品、點心食品、蛋品、生鮮截切蔬果、水產品、生鮮蔬果、有機農產品、林產品、鮮乳及其他經中央主管機關公告者等 17 大類。

2. **有機農產品標章**：有機農產品是指農產品在生產的過程中，不得使用化學肥料、農藥及食品添加物，從生產、加工、分裝、流通到販賣，皆受到有機驗證的規範，並且為確保有機完整性，整個產銷過程都需完整記錄下來。下圖為新舊標章的對照圖，左圖為 2018 年 8 月 24 日「農產品標章管理辦法」修正施行前的標章；右圖為修正後，有機農產品標章重新設計，以三片葉子代表驗證單位、生產者與消費者緊密結合且向上伸展並以綠色代表純淨、不受污染之有機農業，象徵有機農業永續發展。

3. **CAS 臺灣優良水產品標章**：CAS 水產品，係指以水產原料，經前處理及加工調理作業，並在適當溫度儲運販售的包裝食品；可細分成超低溫冷凍水產品、冷凍水產品、冷藏水產品、罐製水產品及乾製水產品五大類。CAS 水產品主要有：冷凍生魚片、冷凍蒲燒鰻、冷凍蒲燒海鯛、冷凍魷魚身、冷凍魷魚圈、冷凍秋刀魚、冷凍土魠魚片、冷凍虱目魚、冷凍蘆蝦、冷凍魚排、紅燒鰻罐頭、鮪魚罐頭、鯖魚罐頭、鳳尾魚罐頭、天然蜆精、魚醬、魚鬆、魚脯、魷魚絲、魷魚片及蝦米等。

4. **食品 GMP 認證標章**：GMP(Good Manufacturing Practice)，中文稱為「優良製造標準」或「良好作業規範」，即為目前世界公認協助食品製造業者建立自主品質保證體系的最佳方法。我國食品 GMP 認證產品種類：(1)飲料、(2)味精、(3)醬油、(4)乳品、(5)麵粉、(6)糖果、(7)茶葉、(8)麵條類、(9)精製糖、(10)

澱粉糖類、(11)烘焙食品、(12)食用冰品、(13)醃漬蔬果、(14)脫水食品、(15)即食餐食、(16)冷凍食品、(17)罐頭食品、(18)食用油脂、(19)調味醬類、(20)黃豆加工食品、(21)水產加工食品、(22)肉類加工食品、(23)冷藏調理食品、(24)粉狀嬰兒配方食品、(25)其他一般食品。目前我國 GMP 驗證機構，為食品工業發展研究所中華穀類食品工業技術研究所，而食品 GMP 管理要素有四：

(1) 人員(man)：要由適任的人員來製造與管理。

(2) 原料(material)：要選用良好的原材料來製造。

(3) 設備(machine)：要採用標準的廠房和機器設備。

(4) 方法(method)：要遵照既定的最適方法來製造。

5. **屠宰衛生檢驗合格標誌**：由政府派駐有屠宰衛生檢查獸醫師，在屠宰場為國人食肉安全嚴格把關，豬隻屠體及內臟經檢查合格後，在豬皮上都會蓋有紅色的「屠宰衛生檢查合格標誌」；而在家禽方面，雞、鴨、鵝，逐隻經屠體衛生檢查合格後，在屠宰衛生檢查人員管制下包裝，包裝上亦貼有「屠宰衛生檢查合格標誌」。

6. **鮮乳標章**：鮮乳標章是政府為保護消費者權益所實施的行政管理措施，促使廠商誠實以國產生乳製造鮮乳。政府依據乳品工廠每月向酪農收購之合格生乳量及其所實際產製的鮮乳量核發鮮乳標章。所以選購貼有鮮乳標章的鮮乳產品，消費者才有保障。政府依乳品工廠每月向酪農收購的合格生乳量及所實際產製鮮乳核發鮮乳標章。目前標章除有冬、夏期品，並依容量別分為 200、230、340、500、946、1892、2800 等 7 種。而餐旅服務業以及一般消費者在選購國產鮮乳時，應該注意下列幾項標示：

(1) 內容物容量。

(2) 成分（包括使用原料、乳脂率及乳固成分）。

(3) 殺菌處理方式。

(4) 製造日期及有效使用日期。

(5) 生產廠商及廠址。

(6) 工廠登記證字號。

　　鮮乳標章及解讀如下（資料圖表摘錄自臺灣區乳品工業同業公會網站 http://www.dairy.org.tw）：

7. **羊乳標章**：圖案直徑約 1.9 公分，以小羊為主體，代表純、真、新鮮無污染之羊乳品質，豎直之耳朵一如豎起大拇指，稱讚之手勢，加上清翠之綠色色調，象徵國產羊乳之純正好品質。羊乳產品要獲得此標章，必須經過獲得國家實驗室認證的中央畜產會檢驗，並持續接受中華民國養羊協會的定期追蹤採樣檢驗，確保鮮羊乳的品質純淨與衛生安全。GGM 羊乳標章認證之產品是純正、新鮮、衛生及安全之保證，消費者可安心選購。

8. **酒品認證標誌**：酒品認證標誌以「臺灣」之英文字首「T」結合「酒」之英文字首「W」設計構成，以表彰優質酒類之意涵。這是財政部為提升國內酒品之品質水準，以維護生產者、販賣者及消費者之共同權益而推動之酒品認證標章。為杜絕私劣酒弊端，且提供消費者安心選購酒品，財政部委託財團法人 CAS 優良農產品協會與食品工業發展研究所執行酒品認證制度，期藉此認證制度之推廣，促進國內製酒業之良性發展，以保障消費者權益，並提供消費者選購參考。

9. **正字標記**：正字標記驗證制度係我國為推行國家標準(CNS)，源自民國 40 年起實施之產品驗證制度；主要藉由核發之正字標記，以彰顯產品品質符合國家標準，且其生產製造工廠採行之品質管理，亦符合國際規範之品質保證制度，使生產廠商藉正字標記之信譽，爭取顧客信賴以拓展市場，消費者亦可經由辨識正字標記簡易地購得合宜的優良產品。要通過正字標記的驗證，廠商所生產製造的產品品質必須符合我國國家標準，且其生產製造工廠採用之品質管理系統，亦符合標準檢驗局指定品管制度（目前為國家標準 CNS12681(ISO 9001)）品質保證制度，並且標準檢驗局每年還會不定期抽檢，以確保品質之穩定性。

第五節　安全的食物貯存

　　食物原料的貯存管理，對餐飲成本及成品的質量影響甚鉅，尤其是一旦質量變質，這也意味著其食品安全及衛生也已經有了問題，當然對社會大眾造成生命上的威脅,而餐飲業食品料貯存的主要目的就是要保存足夠數量,以備不時之需，並予有效保存，以減少食物因腐敗所受的損失降至最低程度，故將各類食物之貯存。現以筆者之經驗，介紹於後：

3.5.1　肉類貯存法

　　肉和內臟應清洗，瀝乾水分，裝於清潔塑膠袋內，放於冷凍庫內（建議溫度為 $-23.3 \sim -17.7\ °C/-10 \sim 0\ °F$），可存放 2 個月至 1 年的時間，若置於冷藏庫（建議

溫度為 0~22 ℃/32~36 ℉），最長保存期限為 2~6 天，另外由於絞肉與空氣之接觸面大，故其冷藏時間以不超過 24 小時為佳，且解凍過之食品不宜再凍結貯存。最長保存期限為 2~6 天，但若加工魚類，一旦開封，則須放入冷藏庫且於兩日內用完。

3.5.2 乳製品之貯存

罐裝奶粉開封前，可於室溫下 1~2 年，若開封則須於三週內使用完畢；未開封之鮮奶、發酵奶、調味乳，須置於冷藏庫（建議溫度 3.3~3.9 ℃/38~39 ℉）貯存，於一週內盡快用完，若已開封則須於 1~2 日內用完；煉乳及保久乳可置於室溫陰暗處約 6 個月；冰淇淋應置冷凍庫(–12.2 ℃/10 ℉)內；奶油及人造奶油於開封前須冷藏（建議溫度 3.3~4.4 ℃/38~40 ℉）至多半年，開封後仍須冷藏且於二週內用完。

3.5.3 蔬果類及穀物類之貯存

1. **蔬果類**：除去塵土及外皮污物，保持乾淨，用紙袋或多孔塑膠袋套好，放在冷藏庫（建議溫度 4.4~7.2 ℃/40~45 ℉）或陰涼處，至多 7 天。
2. **穀物類**：放在密閉乾燥容器內，置陰涼處，勿存放過久，避免受潮及蟲害。

3.5.4 蛋豆類貯存

1. **蛋類**：新鮮蛋可將鈍端朝上置於冷藏庫（建議溫度 4.4~7.2 ℃/40~45 ℉），於三週內盡早使用完畢；皮蛋則可於室溫下，貯存六個月之久。
2. **豆類**：乾豆類略為清理保存，青豆類應漂洗後瀝乾，放在清潔乾燥容器內；豆腐、豆干用冷開水清洗後，放在冷藏庫（建議溫度 4.4~7.2 ℃/40~45 ℉）內，且盡快用完。

3.5.5 油脂類之貯存法

開封前後，均須置於陰涼處，且避免與空氣接觸，因避免氧化、紫外線照射、油溫過高、金屬離子銅鐵，可加 VITE 或抗氧化劑 BHA、BHT，一旦有任何變質現象，即停止使用。

3.5.6 罐頭食品之貯存法

絕對不可貯存於冷凍庫內，開封前置陰涼處且避免受潮，可存於 1~3 年；開封後，須換容器加蓋，且存放於冷藏庫，盡快食用完畢。

3.5.7 醃製品之貯存法

貯存時最好都浸漬在醃漬液中，若未開封，則無須冷藏，只須置於陰涼處，但不可儲放過久，一旦開封，則須加蓋置冷藏庫且盡快於一週內食用完畢。

3.5.8 飲料之貯存法

貯放在乾燥通風陰涼處，不要受潮或陽光照射，按照所標示保存期限先後使用，拆封後須盡快一次用完，未能用完，應予加蓋且置於冷藏庫，以減少氧化損失。

3.5.9 酒類之貯存法

唯有啤酒是越新鮮越好，於室溫貯存下可保持三個月不變質，但最佳的保存溫度為 6~10 ℃，且一旦於冷藏庫取出放置室溫，切忌再置回冷藏庫。至於其他酒類，以置陰涼通風處，且避免震盪，另盡量避免與特殊氣味之食材共處一室。近年來流行於每年 11 月第 3 個星期四，與全球同步共飲薄酒萊新酒，因嚐鮮因素，及其釀造過程不同於一般紅葡萄酒，故食用期限頂多至隔年 2 月底，其貯存方式為一般室溫即可。

第六節 餐飲製備過程衛生注意事項

之前的章節曾提及，就算食材來源安全，貯藏方法正確，然因製備過程的疏失，有可能導致細菌及病菌的感染，而造成食物中毒。依據《食品安全衛生管理法》第 14 條涵釋（民國 104 年 2 月 4 日）公共飲食場所衛生之管理辦法，由直轄市、縣（市）主管機關依中央主管機關訂定之各類衛生標準或法令定之。餐飲業發生食品中毒，若經調查發現該場所及設施之衛生不符《食品安全衛生管理法》第 14 條之規定者，請即依同法第 44 條予以行政罰鍰。且若餐飲業發生食品中毒案件時，經轄區衛生主管機關調查，若確實證明該業者係引發食品中毒導致民眾

健康傷害之行為人，應依《食品安全衛生管理法》之規定移送法辦。調查時若發現該餐飲業者之場所及設施之衛生不符依《食品安全衛生管理法》第 14 條所訂管理辦法之規定時，亦應即時依法予以行政處罰，以期達到督促餐飲業者改善其衛生設施，減少食品中毒案件發生之目的。故餐飲服務業於食物製備過程中須注意事項，以《高雄市公共飲食場所衛生管理辦法》（於中華民國 102 年 12 月 30 日高市府衛食字第 10242510300 號令修正第 1 條）茲將之分為人、食材及設備方面解說如下：

3.6.1 人的方面

第 3 條第 2 款　從業人員：指公共飲食場所從事調理或其他工作 而接觸食品或食品器具之人員。

第 9 條　從業人員應先經衛生醫療機構健康檢查合格後，始得僱用。從業人員於僱用後，每年應主動接受健康檢查一次。

第 10 條　從業人員在 A 型肝炎、手部皮膚病、出疹、膿瘡、外傷、結核病、傷寒或其他可能造成食品污染疾病之傳染或帶菌期間，不得從事與食品接觸之工作。

第 11 條　從業人員之工作衛生，應符合下列規定：
一、工作中不得蓄留指甲、塗抹指甲油及配帶飾物。
二、工作前應用清潔劑洗淨手部；工作中有吐痰、擤鼻涕、入廁或其他可能污染手部之行為時，應再洗淨。
三、以雙手直接調理不經加熱即行食用之食品時，應先洗淨並消毒手部或穿戴消毒清潔之不透水手套。
四、工作中不得有吸菸、嚼檳榔、口香糖、飲食或其他可能污染食品之行為。
五、廚房之工作人員於工作中必須穿戴整潔之工作衣帽，防止頭髮、頭屑或其他雜物落入食品中，必要時應戴口罩；試吃時，應使用專用之器具。

第 12 條　公共飲食場所之負責人及從業人員於從業期間，應參加主管機關或其認可之相關機關（構）所辦理之衛生講習。

第 13 條　公共飲食場所應指定專人負責食品衛生管理工作。

第 14 條　公共飲食場所負責人及從業人員對主管機關之稽查或抽驗不得拒絕、妨礙或規避。

食材製備人員，工作時應穿戴整潔工作衣帽；工作時避免讓手接觸或沾染食物及食器；工作時不得在食物或食器附近吸菸、咳嗽、吐痰及打噴嚏，萬一打噴

嚏時，也須用手帕或衛生紙背對食物且罩著口鼻，並隨時洗手；工作前及如廁後均須徹底洗手；感冒、皮膚有外傷及患傳染病症時，都應留在家中休養，以避免本身所帶之病原菌及細菌對食材及器皿造成污染；所有人員須定期健康檢查。

3.6.2 食材方面

第 4 條　飲食用水應符合下列規定：

一、清洗食品設備及用具或與食品直接接觸之用水或冰塊應符合飲用水水質標準。

二、水源固定。

三、水量充足。

四、完備之供水設施。

五、使用地下水源者，其水源應與化糞池、廢棄物堆積場所等污染源保持 15 公尺以上之距離。

六、蓄水池（塔、槽）應保持清潔及有污染防護措施；每年應清理一次以上，並作成紀錄，以備主管機關查驗。

七、飲用水與非飲用水管路應完全分離，不得相互交接。

第 6 條　飲食之存放應符合下列規定：

一、保持清潔，並應有防塵及防止病媒侵入之設備。

二、立即可供食用者，應以衛生器具裝貯並加蓋。

三、冷藏時，食品中心之溫度應保持在 7 ℃以下，凍結點以上；冷凍時，食品中心之溫度應保持在 –18 ℃以下。

四、熱藏時，食品溫度應保持在 60 ℃以上。

五、食品或食品添加物應分類貯放於倉庫內之棧板或貨架上，或採取其他與地面隔離之有效措施，並保持良好通風。食品之運送準用前項之規定。

食物應在工作檯上料理操作，並將生熟食物分開處理；魚肉類食品取用要迅速，以免反覆解凍，造成細菌滋生；任何食材切忌暴露於常溫及空氣中過久（勿超過 30 分鐘）。

3.6.3 設備、器皿與環境方面

第 5 條　飲食用品應符合下列規定：

一、免洗餐具用畢應即丟棄。

二、共桌分食之場所應提供分食專用之匙、筷、刀、叉等取餐器具。

三、非免洗餐具應經有效殺菌並保持清潔。

四、不得使用有缺口或裂縫之餐具。

五、供消費大眾擦拭之用具，除衛生紙巾外，應經有效殺菌。

第 7 條　公共飲食場所廢棄物之貯存、清除、處理、分類及排出，除應依廢棄物清理法及其相關規定辦理外，並應符合下列規定：

一、不得堆放於食品或食品添加物之調配、加工、販　賣及貯存等場所內。

二、依其特性分類集存；易腐敗者應先裝入不透水密蓋或密封容器內，並於當天清除。清除後之容器應清洗乾淨。

三、貯存場所不得散發不良氣味或有害氣體，並應防止病媒孳生。

第 8 條　公共飲食場所之環境，應符合下列規定：

一、保持清潔。

二、通風及採光良好。

三、不得有病媒或其出沒之痕跡，並應實施有效之防治措施。

四、應防止禽畜、寵物進入廚房，並實施有效之管制措施。

　　安全的供水及良好的排水系統（如圖 3.1）；應裝置抽油煙機及通風空調設備（如圖 3.2）；工作櫥檯及櫥櫃以鋁質或不鏽鋼材質為佳；應備置有蓋之污物桶及廚餘桶；地面應用易洗、不透水、不納垢之材料建築。

圖 3.1　良好排水系統

圖 3.2　自然排煙自動啟動系統：這是利用高溫煙氣的浮力，經由建築物本身的開口或開窗，自然向外面排煙

（此圖由台南南英商工之餐飲大樓所提供）

第七節　餐飲服務衛生注意事項

　　依據美國餐廳協會(NRA)及旅館協會(AH&LA)針對全美餐飲業主管人員所做問卷調查，服務的水準於顧客抱怨事件排名第三，且於顧客最常稱讚的項目排名第一，而所謂的服務水準，主要即指外場服務人員整體衛生外表、服務時之安全衛生細則、菜餚及餐具之清潔，及對整個用餐環境感到安全衛生及舒適；茲將餐飲服務應注意之衛生事項，列述如下：

1. 餐廳內須經常保持整齊清潔。

2. 客人所使用之餐具務必清潔。

3. 於地面上撿拾物品或搬運桌椅及器具，以及收空後，均須先洗手再服務顧客。

4. 上菜前，須檢視菜餚，並將熱類食物以熱盤服務，冷類者以冷盤服務，例如西餐中牛排為熱食供應，則牛排須置於熱盤中讓客人食用，生菜沙拉為冷菜，則置冷盤中讓客人食用。

5. 外場人員是面對顧客的第一線，於其個人衛生尤其注意：
   (1) 每天工作前，一定要洗手，並注意手指甲及飾物。
   (2) 制服每天更換一套，並力求整潔。
   (3) 頭髮梳洗乾淨，女性工作時應附戴髮網。
   (4) 工作時，不穿拖鞋、涼鞋（即包住腳趾頭）。
   (5) 不用味重之香水及髮油。
   (6) 男性不得蓄鬍鬚及長髮。
   (7) 打噴嚏及咳嗽時，應用手帕遮住，並離開工作區域清洗雙手。
   (8) 不用手指挖鼻孔、牙縫及耳朵。
   (9) 不用手摸頭髮及揉眼睛。
   (10) 如廁後，必須洗手並擦拭乾淨。

第八節　公共飲食場所設施衛生標準

　　餐飲業即屬公共飲食場所之一，其設施之衛生標準，根據《食品安全衛生管理法》第 4 章第 14 條「公共飲食場所衛生之管理辦法，由直轄市、縣（市）主管機關依中央主管機關訂定之各類衛生標準或法令定之。」以及「台北市公共飲食場所衛生管理自治條例」將餐旅服務業之營業場所、廚房、廁所等之設施標準，分別摘錄如下：

3.8.1　營業場所

1. 地面應以不透水材料鋪設。
2. 平頂或天花板及牆壁須堅固並加油漆或粉刷。
3. 室內應空氣流通，並設置自動開閉紗門或空氣簾。
4. 窗戶須裝防蠅紗窗。
5. 光度應在 100 米燭光以上（指餐廳），若咖啡廳則為 50 米燭光以上。
6. 有蓋果皮桶或垃圾容器及菸灰缸。
7. 入門處放置踏墊。

■ 圖 3.3　空氣門簾，能有效阻隔蚊蟲進出

3.8.2　廚　房

1. 面積應有營業場所面積 1/3 以上。
2. 與廁所隔開。
3. 地面、臺度及調理台應以不透水，易洗不納垢之材料鋪設，地面須有充分坡度及排水溝，防鼠設備，臺度之高度應在 1 公尺以上。
4. 平頂或天花板、牆壁應堅固並使用淺色油漆。
5. 設防蠅紗網及自動開閉紗門。
6. 應有換氣設備。

▐ 圖 3.4　履帶式洗碗機：一般而言，三槽式履帶洗碗機，包含前端碗盤置入區、第一槽預洗區、第二槽主洗區、第三槽強力潤洗區及出口區，近年來改良機種功能增強，甚至於出口區前加裝所謂熱烘乾區，以達到完全洗淨功能

7. 光度在 100 米燭光以上。

8. 灶面使用磁磚或不鏽鋼廚具為準。

9. 爐灶上須裝油煙罩，並計算適當的排氣量、風車與靜壓需求。

10. 有溫度顯示計之冷凍冷藏設備。

11. 貯藏食品紗櫥。

12. 餐具櫥。

13. 三槽式餐具洗滌殺菌設備及食品用洗潔劑。

14. 食物處理臺，其臺面應以不鏽鋼或鋁片鋪設。

15. 切剁生食與熟食用之砧板，刀叉應各備兩套分開使用，使用後應即清洗。

16. 有蓋廚餘桶及垃圾桶。

3.8.3　廁　所

1. 廁所應為沖水式，並採不透水、易洗不納垢之材料建造，具有良好通風、採光、防蟲、防火之設備。

2. 地面及臺度應鋪設磁磚或磨石子，臺度之高度應 1 公尺以上。

3. 光度在 30 米燭光以上。

4. 每一廁所應設置足夠數量之磁器洗手盆，備有清潔劑及烘手器或紙巾。

5. 大小便器均應使用磁磚。

6. 化糞池位置，應與水源（井）距離 20 公尺以上，營業場所面積在 50 平方公尺以上者，須男女分開設置。

█ 圖 3.5　廁所洗手檯

法·規 ⚖ 彙·編

衛福部食品藥物管理署－食品中毒常見問與答

109 年 7 月 13 日更新

Q1：什麼是食品中毒？

A： 二人或二人以上攝取相同的食品而發生相似的症狀，則稱為一件食品中毒案件。因肉毒桿菌毒素而引起中毒症狀且自人體檢體檢驗出肉毒桿菌毒素，或由可疑的食品檢體檢測到相同類型的致病菌或毒素，或因攝食食品造成急性中毒（如化學物質或天然毒素中毒），即使只有一人，也視為一件食品中毒案件。

經流行病學調查推論為攝食食品所造成，也視為一件食品中毒案件。

Q2：常造成食品中毒的主要病因物質是什麼？

A： 1. 細菌：常見的致病菌有腸炎弧菌、沙門氏桿菌、病原性大腸桿菌、金黃色葡萄球菌、仙人掌桿菌、霍亂弧菌、肉毒桿菌等。

2. 病毒：如諾羅病毒等。

3. 天然毒：包括植物性毒素、麻痺性貝毒、河豚毒、組織胺、黴菌毒素等。

4. 化學物質：農藥、重金屬、非合法使用之化合物等。

Q3：常造成食品中毒的主要原因是什麼？

A： 常造成食品中毒的主要原因有冷藏及加熱處理不足、食品調製後在室溫下放置過久、生食與熟食交叉污染、烹調人員衛生習慣不良、調理食品的器具或設備未清洗乾淨及水源被污染等。

Q4：食品中毒的症狀為何？

A： 常見的食品中毒症狀包括腹瀉、噁心、嘔吐、腹痛、發燒、頭痛及虛弱等，有時候伴隨血便或膿便，但是不一定所有的症狀都會同時發生。患者年齡、個人健康狀況、引起食品中毒的致病原因種類，以及吃了多少被污染的食品等因素，均會影響中毒症狀及其嚴重程度。抵抗力特別弱的人症狀會比較嚴重，甚至可能會因為食品中毒而死亡。一般食品中毒的症狀通常會持續 1 天或 2 天，有些會持續 1 週到 10 天。

Q5：臺灣常見的細菌性食品中毒其原因食品有哪些？

A： 1. 引起腸炎弧菌食品中毒的原因食品主要為生鮮海產及魚貝類等。

2. 引起沙門氏桿菌食品中毒的原因食品主要為受污染的畜肉、禽肉、鮮蛋、乳品及豆製品等。

3. 引起病原性大腸桿菌食品中毒的原因食品主要為受糞便污染的食品或水源。

4. 引起金黃色葡萄球菌食品中毒的原因食品主要為肉製品、蛋製品、乳製品、盒餐及生菜沙拉等。

5. 引起仙人掌桿菌食品中毒的原因食品主要為米飯等澱粉類製品、肉汁等肉類製品、沙拉及乳製品等。

6. 引起肉毒桿菌食品中毒的原因食品主要為低酸性罐頭食品、香腸及火腿等肉類加工品及真空包裝豆干製品等。

Q6：食品加熱的重要性。

A： 一般而言，適當的加熱過程可以殺死活的細菌，也可以除去某些細菌產生的毒素，例如肉毒桿菌的毒素即可在 100 ℃加熱 10 分鐘後失去活性。但是，有許多細菌產生的毒素可以耐熱，例如金黃色葡萄球菌產生的毒素在高溫烹煮過後仍然不會被破壞。

Q7：什麼是危險溫度帶？

A： 溫度介於 7~60 ℃之間稱為危險溫度帶，因為許多細菌在此段溫度間都能快速生長繁殖。一般而言，食品加熱溫度需超過 70 ℃，細菌才易被消滅。保存溫度方面，熱存溫度需高於 60 ℃，冷藏溫度需低於 7 ℃才能抑制細菌生長。為了避免細菌在食品中繁殖而產生毒素，建議食品調製後勿於室溫下放置超過 2 小時，夏天時（室溫超過 32 ℃）勿放置超過 1 小時。

Q8：如何避免食品中毒？

A： 1. 遵守食品處理之原則，包括新鮮、清潔、區分生熟食、避免交叉污染、徹底煮熟、注意保存溫度及使用乾淨的水與食材等。

2. 外出飲食時應避免冷食、生食、不吃來路不明的食品，亦應避免路邊攤飲食，謹慎選擇衛生優良餐廳用餐。

3. 確保與食物接觸的人或物都是清潔乾淨的，要使用不同砧板及刀具，分別處理生食與熟食，食用前要將食品充分加熱並在 2 小時內吃完，食物應放入冰箱冷藏或冷凍，飲水則要煮沸，不喝生水。

4. 遵守個人衛生原則，確保自身飲食健康。

Q9：預防食品中毒五要原則。

A：1. 要洗手：調理食品前後都需徹底洗淨，有傷口要先包紮。

2. 要新鮮：食材要新鮮衛生，用水也必須乾淨無虞。

3. 要生熟食分開：用不同器具處理生熟食，避免交叉污染。

4. 要徹底加熱：食品中心溫度超過 70℃細菌才容易被消滅。

5. 要注意保存溫度：低於 7℃才能抑制細菌生長，室溫不宜放置過久。

Q10：發生疑似食品中毒之處理方式為何？

A：食品中毒之處理應把握下列原則：

1. 發生疑似食品中毒症狀時應迅速就醫。

2. 保留剩餘食品檢體（密封並留存於低溫冷藏，不可冷凍），並儘速通知衛生單位。

3. 醫療院（所）發現食品中毒病患，應在 24 小時內通知衛生單位。

Q11：如何反映衛生不良之餐飲場所？

A：如要申訴或陳情食品衛生相關案件，可提供詳確事證（包括時間、地點、違規情節如照片等舉證），逕向當地衛生局反映，各級衛生單位均派有專人受理及處辦。

疑似食物中毒通報單

就診日期：　　　　年　　　月　　　　日

用餐地點：

用餐時間：　　　　年　　　月　　　　日　　　　午 上/下　　　時　　　分

就診人數：

症狀發生時間：

症狀：（請勾選）

腹瀉_____腹痛_____噁心_____嘔吐_____發燒_____

畏寒_____頭暈_____血便_____紅疹_____

其他：

急診 Leader　簽名：_____

備註：此單填寫完畢後，請寄感染管制小組

衛生福利部疾病管制署傳染病檢體送驗單（首頁）

RDC-QR-0401-01

條碼黏貼處

疾病管制署檢驗項目：
送驗疾病項目：
指定收件單位：

主要病徵：
旅遊史：
報告醫療院所（必填）：
診斷醫師（必填）：
電話（必填）：
傳真（必填）：

採檢前投藥：
動物接觸史：
送驗人（必填）：
電話（必填）：
傳真（必填）：

屍體檢體：

疾病管制署收件日期： 年 月 日
司法相驗檢驗項目備註：
衛生局收件日期： 年 月 日
衛生所收件日期： 年 月 日

AFP 檢體溫度指示片：（疾管署使用，勿填）
□1 □2 □3 □4 □5 □NC
疾管署檢體收件不良項目：（疾管署使用，勿填）
□檢體容器破損或滲漏、□採檢容器不正確、□未
黏貼 Barcode、□運送溫度不符、□送驗檢體種
類不符、□檢體送驗時效不當、□完成送驗檢單
錯、□送驗資料不完整、□檢體件數與送驗單不符、
□檢體量不足或檢體件數超過、□無送驗單

個案/接觸者：姓名、身分證字號、聯絡電話、性別、出生年月日

全血血清、糞便、肛門拭子、咽喉拭子、鼻咽拭子、腦脊髓液、尿液、疾病、菌株、其他

採檢次數、採檢月日、發病月日、現在住址

實驗室檢體編號
檢驗結果 血清學結果
病原體確認 Lab. No Lab. No

進入疫區日期： 年 月 日
發燒開始日期： 年 月 日
除發燒 □有（□無）惡寒症狀 □曾經（□未曾）罹患過癒疾
□服用（□未服用）過癒疾藥物

再採檢（日期）
備註

國際港埠採檢取得感染血液者須加填完整右邊資料
來自地區：
採檢人：

資料來源：衛生福利部疾病管制署

83

「食物中毒個案－防疫檢驗檢體送驗單」填寫注意事項

一、 為確保送驗個案資料完整即可追溯性，通報醫師務必詳查填妥「防疫檢驗檢體送驗單」各欄位，送驗時需填寫一式四聯，不可漏缺，下列注意事項請配合辦理：

（一） 每位病患基本資料、主要病症請務必詳填，醫療院所電話及傳真號碼，請依範本填寫，以利送驗報告回傳。

（二） 同一個案若有多項檢體，應個別填寫一列，以利條碼張貼與衛生機關檢驗結果填寫。

（三） 同一（陽性）個案其接觸者、親屬或環境之採樣，在備註欄位內註明「xxx 之接觸者、妻、子、環境飲用水或 xx 餐廳食物等」字樣以利歸併。

（四） 上述注意事項請見下一頁範本說明。

二、 單位若無空白之傳染病個案報告單、防疫檢驗檢體送驗單、疑似食物中毒通報單，請至院內感染管制委員會網頁中→空白表單→列印表單。

 課 後 討 論 ─────────────────────── EXERCISE

1. 試定義食物中毒。

2. 食物中毒的原因有哪些？

3. 一般而言，冷凍庫及冷藏庫的溫度應維持在多少度？

4. 冷凍冷藏庫內的食材裝置過多，會對餐飲業者造成何種負面結果？

5. 食物的「危險溫度」是指多少度？其義如何？

6. 試述家中鮮奶、罐頭的貯存方法。

7. 試述餐廳外場服務人員應注意之衛生事項。

8. 試述經營一餐廳，其經理人員對於外場生財器具或設備之要求。

CHAPTER

04

洗淨、消毒、殺菌

前言 FOREWORD

餐廳中，對於食材或器皿被細菌或病菌傳染的機會甚多，如果想做出合乎安全衛生標準的菜餚，只須隔離其有可能接觸之污染源及污染途徑，有關污染源及污染途徑，我們已於前兩個章節介紹完畢，本章節即在探求如何杜絕這些污染途徑，所以我們再把主要污染途徑分為三大類：

1. 食物本身不潔淨，甚至含有細菌。

2. 人體帶菌，而將菌體帶至食物或盛裝之器皿。

3. 設備及環境不潔或含菌，而於接觸、空氣傳介之下污染食物或器皿。

所以為了杜絕這些污染途徑，有以下幾個辦法：

1. 洗淨食材、盛裝器皿、設備、環境及工作人員之雙手。

2. 消毒食材、盛裝器皿、設備、環境。

3. 殺菌食材、盛裝器皿、設備、環境。

本章節主要是將洗淨、消毒、殺菌之方法依不同物質分別詳敘。

第一節 洗淨、消毒、殺菌的定義

依據行政院衛福部於民國 75 年編定之《餐飲衛生手冊》，給予洗淨的定義是「除去食品原料上所附著之污物、農藥、肥料，細菌、寄生蟲卵、昆蟲、夾雜物或其他化學品」。但是根據本章前言所敘之污染途徑，我們將洗淨予以新的定義「凡是以水或清潔溶劑將附著於食材、盛裝器皿、設備及製備食材者之手上的污物、農藥、肥料、細菌、寄生蟲卵、昆蟲、夾雜物及其他化學品除去，即稱之」。所以洗淨的意義就是減少微生物之數量、去除微生物營養源，以及加強殺菌消毒效果。

然而洗淨與否和洗滌物本身受污染程度深淺，洗潔劑與水之性質，以及洗潔劑與水之溫度和洗滌時間，均互有影響。消毒、殺菌是管制微生物，減少其數目的手段。凡將微生物殺滅，使其減少的過程叫殺菌；凡將所有的細菌完全殺滅稱為滅菌。消毒是針對設施、設備或器皿的殺菌，目的在去除危險性病原菌的感染源，消毒以種種的方法殺滅病原菌預防病毒的傳染。

4.1.1 洗潔劑酸鹼度與污物之相關

洗滌的作用就是要將污物充分去除，意即洗潔劑本身須具有大於污物附著於食材及其他物體之附著力，此種附著力須藉由洗潔劑本身的酸、鹼、氧化力、酵素來溶解或去除污物。故可細分為三種洗潔劑：

1. **中性洗潔劑**：主要用於食材原料及盛裝器皿受到腐蝕性限制時使用，另外對皮膚的侵蝕力及傷害性很小，且其 pH 值介於 6.0~8.0 之間，適合以手清洗之作業。

2. **酸性洗潔劑**：主要用於器皿、設備表面或鍋爐中的礦物質沉積物，如鈣、鎂，此類洗劑具有氧化分解有機物的能力，分有機酸與無機酸兩類，因其 pH 值小於 6.0，故對皮膚會造成侵蝕及傷害。

3. **鹼性洗潔劑**：主要用於蛋白質、燒焦物及油垢等污物之清除，這類洗潔劑洗淨力但具有強烈腐蝕性，苛性鈉（氫氧化鈉）能腐蝕皮膚及纖維素對皮膚傷害性大。

4.1.2 洗潔劑性質與污物之相關

良好的洗潔劑，除了可將污物自附著體上分解或分離外，並能防止污物再度沉澱，故理想之洗潔劑之特性應含下列數項：

1. **乳化性**：使油脂乳化。

2. **濕潤性**：使污物附著的表面張力降低，以利水滲透。

3. **溶解性**：主要針對食品中蛋白質之溶解。

4. **分散性**：使污物能均勻分布於洗劑中。

5. **脫膠性**：使污物不會凝集。

6. **軟化性**：能使硬水軟化。

7. **緩衝性**：使洗劑於清洗時仍能保持中性。

8. **無刺激性**：不會刺激皮膚。

9. **安全無毒**：不會危害人體。

10. **洗滌性**：易於漂洗。

另外，目前市面上常見清潔劑的分類如下：

固態洗碗劑 Solid Power	用途：超高濃度、超強鹼性，分解厚油污，並具漂白功能。
固態洗碗精 Solid Supra	用途：超高濃度、超強鹼性，分解厚油污，適用於高硬度水質。
乳化洗碗劑 Force 5	用途：高濃度、超強鹼性，含特殊 Polyrate，可分解厚油污、食物殘餘物。
粉狀洗碗劑 Guardian Score	用途：專門分解蛋白質、油污、油脂等，使其起皂化反應（註），含穩定的氯性，具漂白作用，適水性強，可軟化水質，潔晶器皿。
液態洗碗劑 Super Trump	用途：具有高清潔效能，不含腐蝕性，不起泡，無黏著性，適用於任何水質，不遺焦斑，石灰質等污垢可一次清潔，適用於高、低溫洗碗機。
乾精 Rinse Dry	用途：本產品含特殊之 LF-428 活性乾燥劑，可破壞水分附著之表面張力，以達快速乾燥效果。
固態乾精 Solid Rinse Dry	用途：超高濃度、經濟用量，含特效之 F-428 活性乾燥劑，可破壞水分附著之表面張力，以達快速乾燥效果。

（註：皂化反應是油脂、硬軟脂分解為醇、酸、鹽類之反應亦稱鹼化，脂肪酸與苛性鈉（或鉀）鹽混合物稱為肥皂。鈉為硬肥皂、鉀為軟肥皂。）

洗碗機專用清潔劑系列：

強力油污去除劑 Grease Cutter	用途：含苛性成分，能軟化油垢、油脂，適用於爐灶、烤箱、排油煙機、濾油器、烤肉架等。
水垢、石灰垢去除劑 Lime-A-way	用途：含酸性混合製劑，能去除任何水垢，尤其是咖啡機、製水機及洗碗機內部久積之水垢。
消毒劑 xy-12	用途：含氯成分，高濃度、高效力，適用奶昔機、冰淇淋機、低溫洗碗機殺菌。
含碘液體消毒清潔劑 Mikro Kleue	用途：經美國 A.O.A.C.檢驗證明，可消滅結核桿菌、霍亂弧菌、大腸桿菌及一般黴菌及細菌，用於保溫餐車、冰箱、冷凍庫、餐碗、鍋盤及地板清潔之消毒。
消毒清潔、除臭劑 Mikro Quat	用途：經美國 A.O.A.C.檢驗證明，可消滅葡萄桿菌、雙球菌、球狀星團菌、霍亂弧菌、大腸桿菌、寄生菌等。

洗碗、洗鍋專用清潔劑 Pan Dandy	用途：含氯化物成，高濃度、高效力，適應任何水質，使鍋碗碟盤洗起來輕鬆乾淨，且不傷皮膚。
油污、油垢去除劑 Absordit	用途：含特效抑制劑之清潔劑，適用於軟性金屬及油漆表面，對厚油污及碳化物有奇效。

廚房專用清潔劑系列：

銀器、不鏽鋼清潔亮光液 Assure	用途：能電離銀器及不鏽鋼餐具上鏽斑去除食物殘留之硫化物，使餐具恢復原有色澤，且不會侵蝕銀器本身，增長銀器使用年限。
茶垢、咖啡垢去除劑 Dit it	用途：去除任何茶垢及咖啡垢，含穩定性氧漂白成分，不含氯，並可清除不易清潔之食物斑點，使器皿光潔如新。
銀器、不鏽鋼清潔亮光粉 Soilmaster	用途：含活性酵素，可電離銀器及不鏽鋼餐具上之鏽斑及食物殘留之硫化物，使餐具明亮如新。
不鏽鋼清潔亮光劑 Stainless Steel Polish and Cleaner	用途：使廚房不鏽鋼製品及鋁器光潔如新，且不沾手印、油污及水鏽。
固態萬用清潔劑 Maxi-Clean	用途：去除任何質料之地板、皮革、汽車、鋁、塑膠、玻璃製品之污垢，去污力強光潔瑩亮。
固態洗碗、洗鍋劑 Solitare	用途：含氯化物成分，超高濃度、高效力，適應任何水質，使鍋碗碟盤洗起來輕鬆乾淨，且不傷皮膚。
油脂截留槽油垢去除劑 Automatic Drain Relief	用途：(1)含活性生化酵素；(2)少油脂截留槽油污；(3)中和硫化氫異味。
芬香、殺菌洗手劑 Surgi Bac	用途：含酚類具消毒殺菌，清潔特效，廣用於公共場所、餐廳、廚房、洗衣房等工作人員洗手，效果絕佳，味道清香。

4.1.3　水與污物之相關

　　水於餐飲業中扮演極為重要的角色，餐飲業不可缺水，不論是在食材處理或製備過程，甚至於一般清潔維持及清洗劑均扮演了溶劑、媒體及分散性的角色，除此之外，硬水也與污物之去除有關。茲分述如下：

1. **溶劑**：水對污物而言，它是溶劑，可將污物溶解。

2. **媒體**：水是清除分離污物及攜帶清潔劑的媒體。

3. **分散性**：水能將機械作用所引起的震動分散，並可利用這種震動力去除污物。

4. **硬水性**：當水中若溶有鈣、鎂、鹽類時稱為硬水，它會減低洗潔劑的活性並產生沉澱垢。

4.1.4 清潔劑與環保之相關

近年來環保意識日益增強，依據中華民國 98 年 11 月 16 日行政院環境保護署環署管字第 0980104474A 號公告，例如環保洗碗精須符合下列事項規定，始得於產品上標示為環保洗潔精：

1. 洗碗精係指洗濯餐具用之合成清潔劑。

2. 產品之界面活性劑生物分解度，其檢測數值應為 95%以上（產品界面活性劑生物分解度之檢測方法，應為國家、國際或特定行業之標準方法如 CNS 4984）。

3. 所使用之界面活性劑需含 50%以上天然原料（如脂肪酸鈉、脂肪酸鉀等）。

4. 產品不得添加螢光劑、含氯漂白劑(Chlorine Bleach)、甲醛(Formaldehyde)、三氯沙(Triclosan)及含氯添加劑，且經合格檢測單位以符合偵測極限要求之方法檢測，含量應不得檢出（螢光劑之檢測方法，應為國家、國際或特定行業之標準方法如 CNS 4986；含氯漂白劑(Chlorine Bleach)含量之檢測方法，應為國家、國際或特定行業之標準方法如 CNS 4986，其偵測極限應為 0.01%以下；甲醛(Formaldehyde)含量之檢測方法，應為國家、國際或特定行業之標準方法如 CNS 9538，其偵測極限應為 5ppm 以下；三氯沙(Triclosan)含量之檢測方法，依優先順序應為國家、國際或特定行業之標準方法如 NIEA R814.11B，其偵測極限應為 5ppm 以下）。

5. 產品中總磷、三乙酸基氨(Nitrilotriacetic acid, NTA)、過硼酸鹽(Perborate)之含量應為 0.1%以下（磷含量之檢測方法，依優先順序應為國家、國際或特定行業之標準方法如 CNS 4986；三乙酸基氨(Nitrilotriacetic acid, NTA)含量之檢測方法，依優先順序應為國家、國際或特定行業之標準方法如 ASTM D4954；過硼酸鹽(Perborate)含量之檢測方法，依優先順序應為國家、國際或特定行業之標準方法如 CNS 4986）。

6. 產品之 pH 值應不大於 9 且不小於 5。產品亦不得使用環保署公告之毒性化學物質。

7. 產品中乙二胺四乙酸(Ethylenediamine tetraacetic acid, EDTA)之含量應為 0.01 ％以下，乙二胺四乙酸(Ethylenediamine tetraacetic acid, EDTA 含量之檢測方法，依優先順序應為國家、國際或特定行業之標準方法如 CNS 1706/ASTM D3113）。

8. 產品中乙氧烷基酚(Alkylphenolethoxylate, APEO)之含量應為 0.05％以下（乙氧烷基酚(Alkylphenolethoxylate, APEO)含量之檢測方法，依優先順序應為國家、國際或特定行業之標準方法如 ASTM D2357 / CNS 4986。環境中的「壬基酚」(Nonylphenol)主要是透過「壬基酚」聚乙氧基醇類(NPnEOs)之代謝產物經由微生物的好氧與厭氧分解所形成，而「乙氧烷基酚」(APEO)已包含「壬基酚」聚乙氧基醇類(NPnEOs)，故本規格標準已排除產生「壬基酚」所需之前驅物質，故使用後排放至自然界亦不致產生「壬基酚」，足以達成管制「壬基酚」之目標。）

9. 產品應檢附各成分之物質安全資料表以供查核，物質安全資料表應詳細說明其內含之化學成分及 CAS. NO.，勿僅以俗名、簡稱或商品名替代，以確認未含有毒有害物質。

10. 產品包裝材質不得含有 PVC 或其他含氯塑膠材。包裝材質為塑膠者，應使用單一材質塑膠。包裝材質為紙盒（袋）者，須為使用回收紙混合比占 80％以上所製成之紙盒（袋），且不得於表面黏著塑膠膜以利回收。

11. 產品容器本體重量與內容物重量應符合下表要求；然產品若提供紙盒包或以單一塑膠材質製作之重填包，則容器本體重量可不受下表限制（規格標準所指噴頭，係指利用手握柄力量以將液態內容物以水柱或霧狀形式噴射於待清潔表面者，並非指一般押出頭或高壓噴霧罐噴頭；此類產品之採樣應由執行單位派員會同申請廠商，於該類產品之銷售場所進行隨機採樣，並送至申請廠商指定之合格檢測單位進行檢測。螢光劑之檢測方法，應為國家、國際或特定行業之標準方法如 CNS 4986）：

容器形式與內容物重量（公克）	包裝容器重量限制（公克）
容器未含噴頭且充填量為 1,200 公克以下	≦內容物重量（公克）x 0.07
容器含噴頭且充填量為 1,200 公克以下	≦內容物重量（公克）x 0.07 + 30
充填量大於 1,200 公克	≦內容物重量（公克）x 0.055

12. 產品或包裝上應標示廠名、地址、品名、成分、規格標準禁用或限用物質含量、用途、用法、重量或容量、批號或出廠日期。成分標示應以化學品學名為之，不得以俗名、簡稱或商品名替代。

13. 標章使用者的名稱、住址及聯絡電話須清楚記載於產品及包裝上。

14. 產品或包裝上須標示「生物分解度高於 95%且不產生壬基酚」，且應解釋生物分解度之定義，使消費者易於了解。

又如衛浴廚房清潔劑，也是依據中華民國 98 年 11 月 16 日行政院環境保護署環署管字第 0980104474B 號公告（99 年 11 月 30 日生效），欲標示為環保衛浴廚房清潔劑者，須符合下列規定事項：

1. 衛浴清潔劑係指適用於浴室磁磚、馬桶及浴缸之清潔劑；廚房清潔劑係指適用於流理台、瓦斯爐具及抽油煙機之清潔劑，但不適用於廚房用高壓噴霧罐裝之清潔劑用品。

2. 產品之界面活性劑生物分解度，其檢測數值應為 95% 以上（產品界面活性劑生物分解度之檢測方法，應為國家、國際或特定行業之標準方法如 CNS 4984）。

3. 產品不得添加含氯漂白劑(Chlorine Bleach)、甲醛(Formaldehyde)、三氯沙(Triclosan)及含氯添加劑，且經合格檢測單位以符合偵測極限要求之方法檢測，含量應不得檢出（註：含氯漂白劑(Chlorine Bleach)含量之檢測方法，應為國家、國際或特定行業之標準方法如 CNS 4986，其偵測極限應為 0.01%以下；甲醛(Formaldehyde)含量之檢測方法，應為國家、國際或特定行業之標準方法如 CNS 9538，其偵測極限應為 5ppm 以下；三氯沙(Triclosan)含量之檢測方法，應為國家、國際或特定行業之標準方法如 NIEA R814.11B，其偵測極限應為 5ppm 以下）。

4. 產品中總磷、三乙酸基氨(Nitrilotriacetic acid, NTA)、過硼酸鹽(Perborate)之含量應為 0.1%以下（磷含量之檢測方法，依優先順序應為國家、國際或特定行

業之標準方法如 CNS 4986；三乙酸基氨(Nitrilotriacetic acid，NTA)含量之檢測方法，依優先順序應為國家、國際或特定行業之標準方法如 ASTM D4954；過硼酸鹽(Perborate)含量之檢測方法，依優先順序應為國家、國際或特定行業之標準方法如 CNS 4986）

5. 產品中乙二胺四乙酸(Ethylenediamine tetraacetic acid, EDTA)之含量應為 0.01%以下。乙二胺四乙酸(Ethylenediamine tetraacetic acid, EDTA)含量之檢測方法，依優先順序應為國家、國際或特定行業之標準方法如 CNS 1706/ASTM D3113）。

6. 產品中乙氧烷基酚(Alkylphenolethoxylate, APEO)之含量應為 0.05％以下。（乙氧烷基酚(Alkylphenolethoxylate, APEO)含量之檢測方法，依優先順序應為國家、國際或特定行業之標準方法如 ASTM D2357 / CNS 4986。環境中的「壬基酚」(Nonylphenol)主要是透過「壬基酚」聚乙氧基醇類(NPnEOs)之代謝產物經由微生物的好氧與厭氧分解所形成，而「乙氧烷基酚」(APEO)已包含「壬基酚」聚乙氧基醇類(NPnEOs)，故本規格標準已排除產生「壬基酚」所需之前驅物質，故使用後排放至自然界亦不致產生「壬基酚」，足以達成管制「壬基酚」之目標）。

7. 產品應檢附各成分之物質安全資料表以供查核，物質安全資料表應詳細說明其內含之化學成分及 CAS. NO.（指化學文摘社 Chemical Abstract Service 登記號碼，該社為美國化學相關組織，為確認每一種化學物質，該組織對每一個化學物質加以編號，此可視為化學物質的身分證字號，如甲苯為 00108-88-3，以方便各項用途之查詢），勿僅以俗名、簡稱或商品名替代，以確認未含有毒有害物質。

8. 產品之 pH 值應不大於 9 且不小於 5。產品亦不得使用環保署公告之毒性化學物質。

9. 產品包裝材質不得含有 PVC 或其他含氯塑膠材。包裝材質為塑膠者，應使用單一塑膠材質。包裝材質為紙盒（袋）者，須為使用回收紙混合比占 80％以上所製成之紙盒（袋），且不得於表面黏著塑膠膜以利回收。

10. 產品容器本體重量與內容物重量應符合下表要求；然產品若提供紙盒包或以單一塑膠材質製作之重填包，則容器本體重量可不受下表限制（規格標準所

指噴頭,係指利用手握柄力量以將液態內容物以水柱或霧狀形式噴射於待清潔表面者,並非指一般壓出頭或高壓噴霧罐噴頭;此類產品之採樣應由執行單位派員會同申請廠商,於該類產品之銷售場所進行隨機採樣,並送至申請廠商指定之合格檢測單位進行檢測):

容器形式與內容物重量(公克)	包裝容器重量限制(公克)
容器未含噴頭且充填量為 1200 公克以下	≦內容物重量(公克)x 0.135
容器含噴頭且充填量為 1200 公克以下	≦內容物重量(公克)x 0.135 + 30
充填量大於 1200 公克	≦內容物重量(公克)x 0.075

11. 產品或包裝上應標示廠名、地址、品名、成分、規格標準禁用或限用物質含量、用途、用法、重量或容量、批號或出廠日期。成分標示應以化學品學名為之,不得以俗名、簡稱、或商品名替代。

12. 標章使用者的名稱、住址及聯絡電話須清楚記載於產品或包裝上。

13. 產品或包裝上須標示「生物分解度高於 95%且不產生壬基酚」,且應解釋生物分解度之定義,使消費者易於了解。

　　自然界中有許多的細菌或病菌,並非洗淨的步驟即能將之去除,而消毒及殺菌便是管制微生物最有效的手段;消毒是針對設施、設備或器皿的殺菌,目的是除去危險性的感染源,而殺菌則純指確保食品安全與防止食品劣變為目的;茲將於下一節,依食材及設備及器皿之不同性質分述其消毒殺菌之適當方法。

第二節　洗淨、消毒、殺菌的方法

　　如同前所述,消毒殺菌是管制微生物,減少其數目最有效的手段。凡將微生物殺滅使其減少的過程統稱為殺菌;消毒則針對設施、設備或器皿的殺菌,目的是去除危險性的感染源。

　　而一般消毒殺菌的方法分為物理及化學兩種方式:物理方式一為熱,二為紫外線;而於餐旅業中最常用的即為熱消毒殺菌法:一般常用的熱消毒法有煮沸消毒法與蒸氣消毒法二種:

1. **煮沸消毒法**：是最早使用的消毒殺菌法之一，適用於小型器具、容器、餐具、調理器械等的消毒。

2. **蒸氣消毒法**：為食品工廠常用的消毒法，尤其用在管路清洗上，飲食業者可利用蒸氣來消毒小型的器具、食器、調理器皿等物品，或直接用來消毒調理檯面。

　　另外於餐旅業中常用之化學消毒殺菌法則為使用界面活性劑；一般而言，界面活性劑經高度稀釋後仍具有很強殺菌與抑菌力，對細菌的破壞或抑制具有高度選擇性，一般的使用濃度下，無臭味、無毒性，殺菌力與抑菌力很強，對皮膚無刺激及腐蝕性。

4.2.1　食材方面

　　於餐旅業中，對食材之處理是最被重視，但也經常是最被忽略的，由於洗潔劑之濫用，有時甚至造成殘留洗潔劑之中毒，現將幾種較常使用於業界的食材滅菌處理方式詳列如下：

1. **加熱法**：是最簡單、最經濟，也是最具效果的消毒滅菌法，通常於 100 ℃，持續 10~15 分鐘即可將細菌或病菌之繁殖體殺死，尤其是肉及魚類經煮後再供食比較安全。

2. **高壓蒸氣滅菌法**：在一大氣壓力下，水之沸點 100 ℃，當壓力增至每平方英吋 15 磅時，升至 121.5 ℃，持續 15~20 分鐘，可殺滅細菌所有微生物，如壓力鍋（快鍋）。

3. **乾燥法**：由於微生物之生長需要水分，若環境乾燥或是菌體被脫水時，則其新陳代謝受阻，而趨死亡，如食物之脫水保存法即屬之。

4. **消毒劑**：如氯為水之消毒劑，酸、酒精、硝、鹽等皆可作為殺滅食材上細菌之消毒劑。

5. **清潔劑**：有些生吃食物必須先用清潔劑消毒後，再用清水洗淨，方可供食用，但是不可使用洗衣粉等物，因含有螢光增白劑，而此劑為致癌物，如沖洗不徹底，有礙身體健康。

6. **防腐劑**：例如硝，原本是用來抑制細菌繁殖之消毒劑，但因其用之於製作臘肉、火腿、香腸時，還可使肉類產生朱紅色及特殊風味，在用量上每公斤之肉品不超過 0.1 公克，否則有致癌症的危險性。

4.2.2 餐具方面

餐具於餐飲衛生的立場看,是細菌傳播的媒介,故舉凡盤、杯、碗、碟、匙、筷、刀、叉等器具,均需要完善的洗滌、消毒及貯存。然而餐具的洗滌,一般餐飲業都在廚房內進行,容易發生污染。正確的餐具洗滌應和調理場所分開,餐具洗滌的進出路線、洗滌場所的位置及大小都要事先規劃,劃分清潔及污染之分別作業區,以避免洗淨之餐具再度被污染。

餐具洗滌的步驟含預洗、清洗、沖洗、消毒、乾燥及保存,茲分述如下:

1. **預洗**:目的在刮除髒物,用蓮蓬式噴嘴以溫水 140 ℉噴於餐具上,防止硬化,使髒物懸浮、減少附著,並節省洗潔劑、用水量及時間。

2. **清洗**:可去除附著於餐具上的污物及減少細菌數,但無殺菌效果。而其清洗效果仍受限於清洗的方法及操作,清洗設置之水量、水溫、清洗時間及清洗劑的種類及濃度。

3. **沖洗**:其主要目的在洗去清潔劑,所以應用流動水沖洗,不可用靜水。

4. **消毒**:目的在確保餐具衛生,以保障顧客的安全,目前於餐飲界較為常用之消毒方法如下:

   (1) 煮沸殺菌法:以溫度 100 ℃之沸水,煮沸時間 5 分鐘以上(毛巾、抹布等)或一分鐘以上(餐具)。

   (2) 蒸氣殺菌法:以溫度 100 ℃之蒸氣,加熱時間 10 分鐘以上(毛巾、抹布等)或二分鐘以上(餐具)。

   (3) 熱水殺菌法:以溫度 80 ℃之熱水,加熱時間 2 分鐘以上(餐具)。

   (4) 乾熱殺菌法:以溫度 110 ℃之乾熱,加熱時間 30 分鐘以上(餐具)。

   (5) 氯液殺菌法:氯液之游離餘氯量不得低於百萬分之二百(不得低於200ppm),浸入溶液中時間 2 分鐘以上(餐具)。

   (6) 其他方法殺菌:利用紫外線、超音波、臭氧殺菌。

5. **乾燥及保存**:以倒置狀態滴乾或烘乾機烘乾,絕不可擦乾,然後保存於餐具櫥內。

   目前於業界,洗滌方法分人工與機器洗滌二種,人工洗滌程序如下:

   (1) 人工洗滌法,現多用三槽式:

   　　a. 洗淨槽:清洗過後之餐具置入洗淨槽,使用洗潔劑,以刷子或海綿除去餐具上的固形污物或油脂,清洗液的溫度須保持在 43~50 ℃。

　　b. 沖洗槽：目的在除去於洗淨槽刷洗之洗潔劑，此槽應使用流動之自來水，如果能使用餐具籃盛裝餐具時，則送入下一槽的操作較為方便，且此槽應保持溢流狀態，使沖洗清潔劑的水往外流出，以維持沖洗液之清潔。

　　c. 殺菌消毒槽：依前面所述之「餐具洗滌步驟 4.消毒」之方法來殺菌消毒，而於此槽後，所有餐具須滴乾或風乾，然後送進餐具櫥貯存。

(2) 機器洗滌：在過去又分兩種，一為傳統式洗碗機，另一為超音波洗碗機，茲分述如下：

a. 傳統式洗碗機，洗法上大致與人工洗滌雷同：

　(a) 預洗：以人工用水先概略噴洗餐具上之殘渣。

　(b) 裝碗籃框：將餐具分類，依其大小型式排列於餐具架上，切忌相互重疊。

　(c) 清洗及沖洗：依照各機型之不同，添加洗潔劑及加溫。

　(d) 消毒及乾燥：完全參照前述之人工洗滌機。

b. 超音波洗碗機，是利用超音波的能量洗去物體表面污物的裝置，即將高頻率音波，傳於水中，依周波數，水中形成很多數目的小氣泡，當氣泡達到一定之大小即激烈的崩潰，稱為空洞現象，利用此現象的洗滌法稱之超音波洗滌，一般刷子清洗不到的物體表面細孔、凹陷或彎曲處，皆可利用超音波洗淨，其最大的優點是無清洗死角，且有部分殺菌效果，水溫不須太高，更可節省消毒之用量，且迅速洗淨節省時間其洗滌步驟如下：

　(a) 預洗：同傳統式洗碗機，只是餐具無須分類及整齊排列。

　(b) 清洗：將餐具置入洗滌槽內進行清洗。

　(c) 沖洗：以流動水沖洗。

　(d) 消毒：用人工洗滌法。

而於目前主分兩種，一為高溫洗碗機，另一為低溫洗碗機，茲分述如下：

a. 高溫洗碗機，主要是藉由足夠的熱水量先沖洗附著於餐具上的污物，其次是餐具於一定時間內須暴露於高溫之下最後高溫沖洗（此時溫度至少在 82.2 ℃/180 ℉），高溫洗碗機的種類很多，主要分為下列四種：

　(a) 單槽掀門式洗碗機：可將餐具置於洗盤上，再推入洗碗機內，以熱水或洗潔劑，從上方從下方噴洗餐具。

(b) 輸送盤框式洗碗：先將碗盤置碗籃上，同上洗碗方式，但其洗量較大，可分雙槽或三槽式，另可加若預洗槽。

(c) 輸送帶直接式洗碗機，將餐具直接置於洗架輸送帶上，經由不同清洗步驟（含清洗清潔、消毒過程傳送），最後將餐具完全洗滌，此式適用 1,500 人以之餐具。

(d) 旋轉式洗碗機組合式，同輸送帶式洗碗機，只是在最後洗滌步驟完成時，必須移走餐具；否則，這些餐具將再重新洗滌一遍，直到移走餐具為止。

總而言之，高溫洗碗機，其清洗溫度，隨機種而異，但大多均須維持在 60~71.7 ℃(140~160 ℉)，而於預洗時，因需沖刷掉污物，故其溫度須調高，至少應有 26.7~43.3 ℃(80~110 ℉)。最後消毒高溫則需維持在 180 ℉ (82 ℃)。

b. 低溫洗碗機，其主要是利用化學物質來達到清洗完全的效果，一般而言，其清洗溫度須維持在 48.9~60 ℃(120~140 ℉)，主要可分二種機種：

(a) 單掀門式洗碗機：顧名思義，此種洗碗機為單槽式，結合清洗、消毒於一槽內，然每個清洗步驟均有定時控制，且定量噴灑清潔劑及消毒藥劑。

(b) 再循環式洗碗機，其機型和前述洗碗機相似，最大差別是每個清洗過程其水分不完全抽離掉，而於第二次清洗時，和乾淨水稀釋混合再清洗，如此循環使用。

4.2.3 人員方面

手部是傳播有害微生物及細菌的主要媒介源，尤其是餐飲業的從業人員，因經常與食品或與盛裝食品器皿及餐具直接接觸，因此維護手部清潔相當重要，從業人員為確保手部衛生，故須了解正確洗手方法，茲詳述如下：

1. 以水濕潤手部。

2. 擦上肥皂（使用後，用水沖洗，放回肥皂盒）或洗潔劑。

3. 兩手心互相摩擦。

4. 右手心疊在左手背上，自手背至手指互相揉搓，再以左手心疊在右手背上，同樣動作（或以上刷子清潔手指）。

5. 互搓兩手之手掌，虎口部位及全部。

6. 互拉手姿勢（以手指互拉）以擦洗指尖部位。

7. 用水沖去肥皂，洗淨手部。

8. 烘乾機烘乾或是用拭手紙擦乾。

第三節　洗淨、消毒、殺菌的注意事項

　　洗淨、消毒、殺菌的主要目的即在除去可能致病及污染之病原菌或微生物，而一切的執行，全在於餐飲從業人員有無切實執行各個實施辦法，除了以上兩章節所談之方法須貫徹實施外，我們依從業人員、設備、餐具及安全選擇消毒劑方法四方面，再次叮嚀應特別注意事項，分述如下：

4.3.1　人員方面

1. 徹底洗淨雙手，消毒雙手。

2. 熟食調理員之手部應戴手套，並每隔 30 分鐘消毒一次。

3. 當生熟食混合處理時，須確實將手部洗淨，避免生熟食相叉污染，砧板或其他盛裝器皿或刀具亦然。

4.3.2　設備方面

　　所謂設備於此處尤指調理之機器，其大部分為不鏽鋼材質，故易清洗、耐腐蝕、不生鏽，但是仍須遵循下列事項：

1. **一般性污物**：可用中性洗潔劑及氨水先行擦抹後，再以水沖洗乾淨。

2. **油性污物**：先用三氯乙烯溶液或丙酮及苯酮將污物去除後，再以水沖洗乾淨。

3. **變色部分處理**：可用研磨材料如亮光粉將之擦亮，研磨後再用水沖洗。

4. **生鏽部分處理**：可用市面所售之除鏽劑或 15%之硝酸把鏽去除後，再以水沖洗。

4.3.3 餐具方面

　　餐旅業所使用器皿之材質，有木製、金屬製、塑膠製及陶瓷製等類製品，各類製品在清洗殺菌消毒過程，尤須特別注意其材質對溫度及洗潔劑之反應，分述如下：

1. 木製品為天然纖維，若於高溫、強鹼或酸作用下，極易於表面造成凹洞，反而成為細菌滋生處。

2. 金屬製品若以酸性洗潔劑處理，如次氯酸鹽，必須充分水洗然後乾燥，若有水分殘留則易生鏽。

3. 塑膠製器皿因耐熱性差，不可用高溫消毒。

4. 合成樹脂製品因其大多吸水性低，材質軟易損傷，損傷的表面亦常為細菌滋生處，清洗時須特別注意。

4.3.4 安全選擇消毒劑方法方面

　　建議餐旅業於選擇消毒劑時，應考慮的條件如下：

1. 廣效性。

2. 殺菌力強。

3. 無毒。

4. 操作、使用、管理皆很方便及容易。

5. 不會刺激皮膚、無腐蝕性，且具有長效性。

6. 無臭、無味，不會著色及變色。

7. 不會令微生物產生抗性。

8. 價錢考量。

第四節　食品用洗潔劑種類及特性介紹

　　什麼是食品用洗潔劑？如何選擇食品用洗潔劑？它的成分是什麼？以及各種家用洗潔劑的比較？如同本章所述，洗潔劑的真正意義是 1.減少微生物之數量；2.去除微生物營養源，以及 3.加強殺菌消毒效果。所以本節將對如上所提，分述如下：

4.4.1　食品用洗潔劑的定義

　　依《食品安全衛生管理法》第 17 條規定訂定之《食品用洗潔劑衛生標準》第 2 條，指用於消毒或洗滌食品、食品器具、食品容器或包裝之物質。其第 3 條特別指出食品用洗潔劑之衛生應符合下列標準：

1. 砷：0.05ppm 以下（以 As_2O_3 計）；依產品標示，於稀釋後使用時之溶液濃度為基準。

2. 重金屬：1ppm 以下（以 Pb 計）；依產品標示，於稀釋後使用時之溶液濃度為基準。

3. 甲醇含量：1mg/mL 以下。

4. 壬基苯酚類界面活性劑（nonylphenol 及 nonylphenol ethoxylate）：百分之 0.1（重量比）以下。

5. 螢光增白劑：不得檢出。

6. 香料及著色劑，應以准用之食品添加物為限。

　　前項規定，僅適用於以合成界面活性劑為主成分之液態洗潔劑，供餐具自動洗淨機使用之洗潔劑，不適用之。所以一般市售洗潔劑應該如何選擇？便成為餐飲業重要的衛生安全把關之一。

4.4.2　食品用洗潔劑選擇

　　衛福部食藥署訂定自 103 年 6 月 19 日起製造之食品用洗潔劑，其標示應依據《食品安全衛生管理法》第 27 條標示，並遵循第 28 條之規範。其中第 27 條規範食品用洗潔劑之容器或外包裝，應以中文及通用符號，明顯標示下列事項：

1. 品名。

2. 主要成分之化學名稱；其為二種以上成分組成者，應分別標明。

3. 淨重或容量。

4. 國內負責廠商名稱、電話號碼及地址。

5. 原產地（國）。

6. 製造日期；其有時效性者，並應加註有效日期或有效期間。

7. 適用對象或用途。

8. 使用方法及使用注意事項或警語。

9. 其他經中央主管機關公告之事項。

　　這對一般市售食品用洗潔劑應該如何選購，已經給了相當好的建議，且其中，2.「主要成分之化學名稱」係指具清潔或消毒作用之成分。且在第 28 條「食品、食品添加物、食品用洗潔劑及經中央主管機關公告之食品器具、食品容器或包裝，其標示、宣傳或廣告，不得有不實、誇張或易生誤解之情形。食品不得為醫療效能之標示、宣傳或廣告。」

　　一般人除了法規規定外，更想知道理想食品用洗潔劑應具備條件到底有哪些？茲綜合各專家學者看法，彙整如下：(1)須低泡沫型；(2)須無殘留性；(3)非溶解型；(4)須無刺激性；(5)須無汙染性；(6)須具經濟效益。洗潔劑必須能使汙物脫離食品器具、容器或調理機械等，分散此汙物於清潔溶液中，並防止汙物再沉澱於設備或容器、器具上。其實，現在並無一種洗潔劑能完全符合上述所列的各種理想特性，所以在選擇或調配洗潔劑時應注意且了解下列各事項：(1)各種洗潔劑性質；(2)使用對象的性質；(3)清洗方式；(4)使用或管理上的難易性；(5)成本上的考量；(6)洗淨度的要求等。食品用洗潔劑因為各種洗潔劑的性質不同，能清洗的汙物及洗潔物表面性質也不同，因此必須了解每種洗潔劑的特性及其具有的效能，才能做出正確的選擇。

4.4.3　食品用洗潔劑的成分

　　依據食藥署食品組於 2015/05/26 發布「因命名方式不同，同一化合物可能有數個化學名稱，為利業者進行正確標示，並利稽查，本署已整理界面活性劑及消

毒成分清單，提供業界參考使用，惟不足處，業者仍應本於社會企業責任，清楚標示。」什麼叫做界面活性劑？簡單的說，凡能使液體之表面張力降低而顯示出濕潤、滲透、分散、乳化、清潔等作用的物質；也就是說「界面活性劑」能使油水融合的特性，可用在滲透、乳化、分散、起泡、消泡、潤滑、洗滌、殺菌、防靜電、防鏽等作用，所以應用層面非常廣泛，尤其是各種清潔用品如洗衣劑、洗碗精、沐浴乳、洗髮精、牙膏，甚至肥皂。

有天然的界面活性劑嗎？當然有，像是古人洗衣服用草木灰、洗頭用淘米水，用皂角（即皂角樹的果實，功能雷同無患子）製成肥皂團洗澡，富貴人家則用豬苓，或是在皂角中加入香料製作肥皂團等。天然性界面活性劑是取自於自然界的無害物質，所以不會對人體造成危害，而且能輕易地被自然分解，分解後再回歸自然界，對生態環境也就不會造成破壞。但是現在則是由許多化學合成方法來當作界面活化劑，是無法分解的，因此當我們使用清潔劑做家事或沐浴時，所有的清潔劑都會排入水中，經過食物鏈再進入人體，人體因為無法分解，因而逐漸會累積，影響荷爾蒙及生理分泌系統，造成生理系統的失衡，而導致病變！

依據食藥署於 2015-05-20 食品用洗潔劑標示 Q&A 及通函內容，對洗碗精標示整理如下：

參考用標示範例：

品名：○○○○○○○洗碗精

主要成分：十二烷基磺酸鈉、茶籽粉碳氫（符合我國食品添加物規格標準）

容量：○○○毫升

廠商名稱：○○○公司

電話號碼：02-11112222

地址：○○市（縣）○○路○○號

原產地（國）：○○國

製造日期：○○○年○○月；（有效日期：○○○年○○月）

適用對象：餐具

使用方法：本品○○毫升加水稀釋至○○○毫升

使用注意事項：請以流水沖洗至少 30 秒，請置於兒童不易取得處，避免誤食、皮膚敏感者，使用時請戴手套。

另外，對於食品用洗潔劑之「品名」及包裝也有命名限制，像是一般食品用洗潔劑，例如洗碗精，其成分有界面活性劑、防腐劑、起泡劑、增稠劑、香料、著色劑和其他添加物等，皆屬化合物，品名中強調「天然」或「有機」，涉違反《食品安全衛生管理法》第 28 條「標示、宣傳或廣告，不得有不實、誇張或易生誤解之情形」。爰此。食品用洗潔劑之品名及包裝上文宣不得標示「天然」、「有機」、「食品級」及「無毒」等不實、誇張或易生誤解之字眼，同義之外文字眼亦同。

另外洗潔劑上「主要成分」，依據《食品安全衛生管理法施行細則》第 22 條，主要成分係指食品用洗潔劑中具消毒、清潔作用者，而非指「含量」多寡。且依據《食品安全衛生管理法》第 27 條第 1 項第 2 款，「主要成分之化學名稱；其為二種以上成分組成者，應分別標明。」因此，假設食品用洗潔劑產品中含 2 種界面活性劑及 2 種消毒劑，則此 4 種化合物皆須以中文標示出其化學名稱；不可以只用英文標示。又因為食品用洗潔劑種類眾多，其主要成分為天然混合物時，可能無法一一詳列，其中文標示原則如下：主要成分之原料，屬單一化合物者，如小蘇打，以化學名稱標示之，應標示為「碳酸氫鈉」；屬以天然混合物為化合物原料者，如椰子油進行皂化後之成分，以一般社會通用名稱標示之，得標示為椰子油皂化物；屬天然（非化合）材料者，如茶籽粉，以原料名稱標示之，得標示為茶籽。

法·規　彙·編

餐具清洗良好作業指引

【發布日期：2012-09-07】

壹、總則

一、為協助推動免洗餐具限制使用政策，提供業者於餐具清洗及相關機關輔導之依據，特制定本指引。

二、本指引適用於自行清洗餐具之大型餐飲場所或提供餐飲業者清洗餐具服務之業者。

三、本指引用詞定義如下：

（一）餐具：係指符合食品衛生標準供消費者用餐之碗、盤、托盤、碟、筷子、刀、叉及湯匙等。

（二）清潔：係指去除塵土、殘屑、廚餘、污物、或其他可能污染餐具之不良物質之清洗或處理作業。

（三）有效殺菌：係指有效殺滅有害微生物之方法，但不影響餐具品質或食品安全之適當處理作業。

（四）病媒：係指會直接或間接污染餐具或媒介病原體之小動物或昆蟲，如老鼠、蟑螂、蚊、蠅、臭蟲、蚤、蝨、及蜘蛛等。

（五）防止病媒入侵設施：以適當且有形的隔離方式，防範病媒入侵之裝置，如空氣廉、陰井、正壓、暗道、適當孔徑之柵欄、紗網等。

（六）隔離：係指場所與場所間以有形之方式予以隔間者。

貳、衛生管理一般規定

四、清洗作業場所

（一）污染區：係指餐具未經洗滌前之貯存場所及廚餘之暫時存放場所。

（二）洗滌區：係指餐具之洗滌之場所。

（三）清潔區：係指餐具經洗滌、乾燥後之貯存場所。

五、人員衛生

（一）從業人員除應符合食品良好衛生規範中有關人員衛生之規定外，進入清潔區前，應徹底洗淨雙手，以防止傳播病原菌，工作時，不可有二次污染的行為發生。

（二）不慎手指外傷時，應立即包紮，如需繼續工作，應穿戴乳膠手套，方可繼續工作。

六、用水

應符合食品良好衛生規範有關用水之規定外，如使用地下水者，應具水源水質證明備查。

七、自有設施設備

（一）提供餐飲業者清洗餐具服務之業者除應具有符合食品良好衛生規範之建築與設施外，並應備有至少一套輸送帶式或類似型式具洗滌、沖洗、有效殺菌功能之高溫自動洗滌設施。大型餐飲場所若未購置自動洗滌設施而以人工洗滌時，其清洗設施亦應具有洗滌、沖洗、有效殺菌三項功能。

（二）足夠之餐具貯存架。

（三）足夠之密閉容器以運送餐具。

（四）足夠貯放餐具之箱型可密閉之運送車。

（五）清潔區與其他區域應有效隔離，區內具有正壓系統以防由外部環境污染。

（六）清洗作業場所應有防止病媒入侵設施。

（七）提供餐飲業者清洗餐具服務之業者應以密閉容器收取餐具，再置於密閉車運送，運至處理場所後應集中貯存於污染區，運輸車輛之廂體及密閉容器應立即以加壓水洗淨並維持乾燥狀態，必要時應予消毒。

參、清洗操作衛生一般規定

八、廚餘蒐集處理

（一）廚餘應以有效並符合廢棄物清理有關規定之方法處理，並不可污染工作場所。

（二）無污水處理系統者，不得以粉碎式廚餘處理機處理廚餘排放至下水道。

（三）提供餐飲業者清洗餐具服務之業者應具備污水處理系統。

九、清洗作業

高溫自動洗滌設施及人工三槽式餐具洗滌設施應具有洗滌、沖洗、有效殺菌之功能且高溫自動洗滌設施水壓應在 23 磅／平方英吋(23lbs/psi)以上，相關作業要求如下：

（一）洗滌槽：具有 45 ℃以上含洗潔劑之熱水。

（二）沖洗槽：具有充足流動之水，且能將洗潔劑沖洗乾淨。

（三）有效殺菌槽：得以下列方式之一達成：

1. 水溫應在 80 ℃以上（人工洗滌應浸 2 分鐘以上）。

2. 110 ℃以上之乾熱（人工洗滌加熱時間 30 分鐘以上）。

3. 餘氯量 200ppm（百萬分之二百）氯液（人工洗滌浸泡時間 2 分鐘以上）。

4. 100 ℃以上之蒸氣（人工洗滌加熱時間 2 分鐘以上）。

（四）水溫、水壓未達標準時，不得洗滌。

十、 高溫自動洗滌設施應設有溫度計、壓力計及洗潔劑偵測器，溫度計及壓力計每三月應作校正並保存記錄一年備查。

十一、 洗滌設施所使用之洗潔劑、殺菌劑、乾燥劑應符合食品衛生之要求。

十二、 洗滌、沖洗、有效殺菌三種功能外之其他附加於自動洗滌機之設施，應具有功能加成之效果（例如：超音波）。

十三、 乾燥處理

　　　　經洗淨之餐具如未經乾燥處理者，不得重疊放置，乾燥處理得以下列方式之一為之：

（一）乾熱法：以 110 ℃以上之乾熱，加熱時間 30 分鐘以上（木質及低耐熱材質塑膠不適用）。

（二）乾燥劑處理法：應使用食用性安全之乾燥劑，其安全性之資料應提供行政院衛生署備查。

（三）除濕機法：於密閉室內開啟除濕機，以達乾燥效果。

（四）自然晾乾法：應於具通風良好且有防止病媒及塵埃入侵設施之場所以適當容器或櫥櫃盛放。

（五）其他經行政院衛福部認可之乾燥法。

　　　　經洗淨乾燥之餐具置於暫存區不得超過 30 分鐘，應立即送至清潔區放置。

十四、 設施維護

（一）洗滌設施用畢後，應立即將殘渣取出，並以加壓水洗淨內部、輸送帶及防水簾。

（二）洗滌設施及防水簾停止使用時，應保持通風、乾燥狀態，使用前應再以加壓水沖洗內部。

（三）提供餐飲業者清洗餐具服務之業者之自動洗滌機，應置有維護人員或合約維護人員隨時進行故障排除。

肆、其他

十五、清潔區人員進出應予有效管制，凡進入清潔區之人員應符合食品良好衛生規範從業人員操作衛生規定。

十六、清潔之餐具從清潔區至用餐場所之過程，皆應有良好之防止病媒入侵設施。

十七、清潔之餐具如若 72 小時內未送至用餐場所，應予重新洗滌。

十八、筷子、刀、叉及湯匙等較尖銳之餐具，於洗滌時，應先置於適當之多孔圓柱筒內，且與口部接觸之一端應朝上，置於自動洗滌機內至少洗滌二次以上。

十九、提供餐飲業者清洗餐具服務之業者應備有簡易餐具檢驗試劑，每日檢驗洗靜後之餐具脂肪、澱粉、蛋白質及洗潔劑殘留情形，必要時應進行病原性微生物之檢測，並將記錄保存一年備查。

食品用洗潔劑管理 Q&A

發布日期：2021-06-22
發布單位：食品組
110 年 1 月修訂

Q1：何謂食品用洗潔劑？

A：1. 依據《食品安全衛生管理法》（下稱《食安法》）第 3 條第 6 款之定義，凡用於消毒或洗滌食品、食品器具、食品容器或包裝之物質，均屬食品用洗潔劑所轄範疇。

2. 故食品用洗潔劑包含消毒類及洗滌類之產品，例如用於蔬果或食品接觸面之「次氯酸鈉」等為消毒類食品用洗潔劑，「洗碗精」等為洗滌類食品用洗潔劑。

Q2：食品用洗潔劑相關業者是食品業者嗎？

A：依據《食安法》第 3 條第 7 款之定義，食品業者指從事食品或食品添加物之製造、加工、調配、包裝、運送、貯存、販賣、輸入、輸出或從事食品器具、食品容器或包裝、食品用洗潔劑之製造、加工、輸入、輸出或販賣之業者。準此，食品用洗潔劑相關業者屬食品業者，應遵循食安法相關規範。

Q3：食品用洗潔劑及其業者相關規範有哪些？

A：1. 食品用洗潔劑業者應符合《食安法》相關規定包括:第 7 條（業者應自主管理）、第 8 條（業者須符合食品良好衛生規範(GHP)準則、食品業者登錄等）、第 10 條（兼營食品及食品添加物之食品用洗潔劑工廠須進行分廠分照等）。

2. 用於洗滌或消毒食品、食品器具容器包裝之食品用洗潔劑，其衛生安全，應符合《食安法》相關規定，包括該法第 16 條之規定，不得有以下情形：有毒、易生不良化學作用、足以危害健康或其他經風險評估有危害健康之虞等，以及依該法第 17 條所定「食品用洗潔劑衛生標準」之規定。

3. 產品標示應符合《食安法》第 27 條（應標示事項）及第 28 條（標示原則）等之規定。

Q4：食品用洗潔劑相關業者須辦理食品業者登錄嗎？

A：是，具工廠登記、商業登記、公司登記或營業登記之食品用洗潔劑製造加工業者（104 年 12 月 31 日前）及販售業者（103 年 12 月 31 日前）應至食品藥物業者登錄平台「非登不可」平台進行食品業者登錄，詳情請參考公告內容

1. 【發布日期：2014-10-16】訂定「應申請登錄始得營業之食品業者類別、規模及實施日期」，並自即日生效。

2. 【發布日期：2015-09-18】修正「應申請登錄始得營業之食品業者類別、規模及實施日期」，並自即日生效。

Q5：食品用洗潔劑相關業者於「非登不可」平台需登錄產品資訊嗎？

A：是，食品用洗潔劑「製造加工」業者須於「非登不可」平台登錄產品資訊，包含商品品名、該商品所含清潔成分或消毒成分，如有委託代工情形，則須填寫代工相關資訊。「販售」業者則不須填寫產品資訊，僅需勾選販售項目「食品用洗潔劑」。

Q6：A 公司委託 B 工廠製造食品用洗潔劑，A 公司是否為「製造加工」業者？

A：是，A 公司委託 B 工廠製造食品用洗潔劑，則 A 公司及 B 工廠皆視為「製造加工」業者，於「非登不可」平台須填寫「製造加工」頁籤內容，並填寫代工資訊；如有販售行為，則無論對象是否為一般消費者，均應填寫「販售」頁籤內容。

Q7：如何新增「非登不可」平台中清潔或消毒成分？

A：食品藥物管理署（下稱食藥署）已蒐集清潔或消毒成分列成清單，置於「非登不可」平台中供業者選取，但該二表格非為正面表列。如業者欲填寫之清潔或消毒成分未列於清單中，則可選擇清單最下方之「待列入」選項後，發函至食藥署，由食藥署核判後新增至平台清單。

來函內容可參考下方範例撰寫：

主旨：申請新增食品用洗潔劑清潔（或消毒）成分於食品業者登錄系統，詳如說明，請查照。

說明：欲新增成分之中文「化學名稱」、俗稱、CASNo.及英文名稱等相關資料。

Q8：「非登不可」平台中登錄之產品資訊應多久更新一次？

A： 依《食品業者登錄辦法》第 7 條，登錄內容如有變更，食品業者應自事實發生之日起 30 日內，申請變更登錄。故食品業者完成登錄後，除應於每年申報確認登錄內容外，例如：新商品開始製造之日起 30 日內應至「非登不可」平台新增產品資訊。

Q9：食品用洗潔劑工廠須分廠分照嗎？

A： 食品用洗潔劑製造廠若未兼營「食品」或「食品添加物」之生產，則非分廠分照規範對象，即未限制食品用洗潔劑不得與其他化工清潔劑在同一廠區生產，惟應有防止交叉污染之措施，以確保產品符合食安法相關規範。

Q10：食品用洗潔劑需查驗登記才能上市嗎？

A： 否，依據《食安法》第 21 條第 1 項略以「經『中央主管機關公告』之食品、食品添加物、食品器具、食品容器或包裝及食品用洗潔劑，其製造、加工、調配、改裝、輸入或輸出，非經中央主管機關查驗登記並發給許可文件，不得為之」。衛生福利部目前尚未公告食品用洗潔劑需辦理前述查驗登記，惟業者仍應自主管理，確保產品安全。

Q11：「食品用洗潔劑衛生標準」未規範之物質即不屬食品用洗潔劑？

A： 否，《食品用洗潔劑衛生標準》中第 2 條及第 3 條排除適用之物質，及未表列於附表一、二之消毒成分，只要用於消毒或洗滌「食品」、「食品器具、食品容器或包裝」等食品接觸面，即屬食品用洗潔劑，仍應遵守食安法其他各項規範（請參考 Q3）。

Q12：所有食品用洗潔劑皆須檢測衛生標準中砷、重金屬、甲醇、壬基苯酚類界面活性劑…等物質？

A： 《食品用洗潔劑衛生標準》第 3 條，針對砷、重金屬、甲醇、壬基苯酚類界面活性劑、螢光增白劑、香料及著色劑等標準，僅適用於以「合成界面活性劑」為主成分之液態洗潔劑，如:洗碗精、沙拉脫等。供餐具自動洗淨機使用之洗潔劑，因除界面活性劑外，可能另含有其他防止回沾或揮發性成分，較為複雜，故先予排除適用。以消毒類之食品用洗潔劑為例，次氯酸鈉產品配方中不含「合成界面活性劑」者，即不適用前述衛生標準第 3 條之規定。

Q13：食品用洗潔劑之配方成分皆須為准用之食品添加物？

A： 依《食品用洗潔劑衛生標準》第 3 條第 6 款，以「合成界面活性劑」為主成分之食品用洗潔劑若使用「香料」及「著色劑」，應以准用之食品添加物為限。由於食品用

洗潔劑中可能含有之成分複雜，除香料及著色劑外，包括界面活性劑、增稠劑、脂肪酸等，爰實務上無法正面表列；且所用之成分多數皆非食品原料，故並無應為准用食品添加物之要求。惟食品業者仍應自主管理，確認所販售或使用之食品用洗潔劑，其使用之成分及使用之方式，均能符合食安法之管理，必要時應就其使用安全性進一步舉證。

Q14：氯系消毒成分用於食品時之規範？

A：1. 用於食品之主要消毒成分，且表列於食品用洗潔劑衛生標準之附表二者，其使用後之殘留濃度，應符合該表之規定。

2. 附表二表列之氯系食品用洗潔劑除用於「生鮮即食食品（如：生食用蔬果、生食用水產品），或其他於製程中無法經加熱等有效殺菌方式進行處理，有使用消毒劑之必要，否則可能有導致食品中毒之虞的食品」外，使用前應由業者備齊該消毒成分之使用目的及方式，與國際組織及先進國家准用相同用途之評估資料，向衛生福利部提出申請，經核准後，始得使用。

3. 次氯酸鈉之溴酸鹽含量應為 50ppm 以下。

4. 如氯系食品用洗潔劑預計使用於截切生鮮蔬果，可參考衛生福利部「降低截切生鮮蔬果微生物危害之作業指引」之使用建議，該指引可至本署網站下載參考（首頁>業務專區>食品>餐飲衛生>10.食品用洗潔劑衛生管理專區>食品用洗潔劑相關法規 > 降低截切生鮮蔬果微生物危害之作業指引 http://www.fda.gov.tw/TC/siteContent.aspx?sid=3487）或參考綜整 GHP 準則與前開指引之「截切生鮮蔬果衛生操作參考手冊」，食藥署網站連結如下:首頁>出版品>圖書 http://www.fda.gov.tw/TC/publicationsContent.aspx?id=112。

Q15：衛生福利部「降低截切生鮮蔬果微生物危害之作業指引」之重點為何？

A：微生物之生長受溫度影響，低溫下其生長速度慢。故該指引重點在於提供直接生食用截切生鮮蔬果產品之業者，應於符合 GHP 準則之基礎上，於製程中降低產品微生物性之危害，但不宜以使用消毒類食品用洗潔劑為手段控管微生物，如不當使用該類消毒劑，可能轉而成為化學性之危害。建議由原料採摘、進貨、製造加工、運輸及販售直接生食之截切生鮮蔬果產品時，以低溫的方式控管微生物，取代或減少消毒類食品用洗潔劑之添加，達降低微生物危害之目的。如不得已需使用消毒類食品用洗潔劑，例如氯系食品用洗潔劑，則建議使用時以不超過 100ppm 總氯量為原則，且產品須以具「飲用水水質標準」之清水充分洗淨之。

Q16：供火鍋店使用之截切蔬菜於截切製程可用氯系食品用洗潔劑消毒嗎？

A： 尚需加熱煮熟方提供食用之生鮮食品，透過加熱煮熟程序及良好之冷鏈管理，即可有效控制食品中之微生物含量，無導致食品中毒疑慮，故並無使用消毒成分清洗之必要。（請參考 Q14，A2）

Q17：食安法中如何規範食品用洗潔劑之標示？

A： 《食安法》第 27 條規範食品用洗潔劑應標示項目；同法第 28 條第 1 項規範食品用洗潔劑之標示，不得有不實、誇張或易生誤解之情形。衛生福利部並於 106 年 5 月 18 日發布衛授食字第 1061300383 號解釋令。詳請參閱本署網頁（首頁>業務專區>食品>餐飲衛生>10.食品用洗潔劑衛生管理專區>食品用洗潔劑相關法規>食品用洗潔劑標示 http://www.fda.gov.tw/TC/siteContent.aspx?sid=3486）

Q18：食品用洗潔劑應標示項目為何？

A： 依據《食安法》第 27 條，食品用洗潔劑之容器或外包裝，應以「中文」及通用符號，明顯標示下列事項：

1. 品名。

2. 「主要成分」之化學名稱；其為二種以上成分組成者，應分別標明。

3. 淨重或容量。

4. 國內負責廠商名稱、電話號碼及地址。

5. 原產地（國）。

6. 製造日期；其有時效性者，並應加註有效日期或有效期間。

7. 適用對象或用途。

8. 使用方法及使用注意事項或警語。

9. 其他經中央主管機關公告之事項。

Q19：食品用洗潔劑是否需比照化粧品全成分標示？

A： 否，目前依據《食安法》第 27 條第 2 款之規定，成分資訊僅須以中文標示「主要成分」之化學名稱；其為二種以上成分組成者，應分別標明。惟為促進資訊透明化，仍鼓勵業者對產品進行全成分標示，以利消費者據以選購。

Q20：何謂「主要成分」？要標幾個才可以？

A：1. 以洗碗精為例，產品中以「水」所占含量比例最高，惟依據《食安法施行細則》第 26 條之規定，「主要成分」係指食品用洗潔劑中具消毒、清潔作用者，非以含量多寡決定，故洗碗精配方中之「水」非屬主要成分。

2. 洗碗精配方中常添加少量抗菌劑，該類可抑制細菌生長(bacteriostatic)或可殺死細菌(bacteriocide)之抗菌成份均屬消毒作用成分，故無論其作用對象為「食品用洗潔劑本身」或「供消費者使用之碗盤碟」，廠商皆應於產品標示抗菌成分之中文化學名稱。

3. 另，依據《食安法》第 27 條第 2 款略以：「…其為二種以上成分組成者，應分別標明」，若某食品用洗潔劑產品中含 2 種界面活性劑及 1 種消毒成分，則該產品須以中文標示出該 3 種化合物之化學名稱。

Q21：食品用洗潔劑之標示可否以簡體中文、英文或外文標示？

A：否。標示應以繁體中文標示，但可以中文化學名稱為主，英文或外文為輔。

Q22：食品用洗潔劑「主要成分」標示中文化學名稱之原則？

A：1. 主要成分之原料，屬單一化合物者，如小蘇打，以化學名稱標示之，應標示為「碳酸氫鈉」。

2. 屬以天然存在形式即已混合，且未經純化分離出單一成分之混合物為原料者，得以一般社會通用名稱標示之，例如未經不同碳數脂肪酸分離之椰子油，進行皂化後之成分，得標示為椰子油皂化物（原料+製程）。

3. 屬以天然存在形式之材料為原料者，得以原料名稱標示之，例如茶籽粉，得標示為茶籽。

Q23：「主要成分」之化學名稱不只一種型式時應如何標示？

A：因命名方式不同，同一化合物可能有數種化學名稱之型式，惟只要其化學名稱可確實反映該化合物之化學結構式，以該化學名稱進行標示，尚符合規定。另，已於《食品用洗潔劑衛生標準》中明列化合物之名稱者，亦得視為其化學名稱。

Q24：食品用洗潔劑之淨重或容量之單位應如何標示？

A：《食安法》第 27 條第 3 款所定淨重、容量，應以法定度量衡單位或其代號標示之，例如公克、公斤、毫升及公升等，或其英文縮寫，g、Kg、ml 及 L 等視為通用符號。（可參考經濟部 105 年 10 月 19 日經標字第 10504605160 號公告修正「法定度量衡

單 位 及 其 所 用 之 倍 數 、 分 數 之 名 稱 、 定 義 及 代 號 」，
http://www.instrument.org.tw/archive/1051021003.pdf）

Q25：誰是國內負責廠商？

A： 依《食安法施行細則》第 10 條略以：「國內負責廠商，指對該產品於國內直接負法律
責任之食品業者」。如有委託製造及受委託製造行為，亦應由雙方業者自行溝通孰為
國內之負責廠商，詳載於契約及產品標示中。

Q26：原產地（國）或其他欲以國家標示宣稱之內容要如何標示？

A： 參考財政部與經濟部會銜發布之「進口貨物原產地認定標準」，原產地（國）應以進
行完全生產貨物之國家或地區標示之，如貨物之加工、製造或原材料涉及二個或二
個以上國家或地區者，則以使該項貨物產生最終實質轉型之國家或地區標示之。其
國家之標示內容應具明確性，例如僅欲指稱歐盟中之單一國家，則應明確標明該國
家之名稱，不宜以「歐盟」一詞併列或取代，以免涉及易生誤解之違法情事。

Q27：標示製造日期、有效日期等之注意事項為何？

A：1. 食品用洗潔劑標示之日期:依習慣能辨明之方式標明年月日或年月；標示年月者，
以當月之末日為終止日，或以當月之末日為有效期間之終止日。

2. 「製造日期」為食安法強制標示項目；對於具有時效性之產品才須加註「有效日
期」或「有效期間」。為便利消費者辨識及參考，建議直接標示「製造日期」及「有
效日期」。

Q28：食品用洗潔劑之標示可否宣稱「天然」？

A：1. 原料中完全不含「經人為加工未改變本質之天然材料」者，不得於標示中以中、
外文宣稱「天然」。

2. 100%原料皆為「經人為加工未改變本質之天然材料」者，意即無外加任何添加物
者，得於標示中宣稱「天然」。但廠商需檢具採購天然物之證明、詳細加工流程及
其他有助釐清該原料本質之文件等備查。

3. 僅部分原料屬「經人為加工未改變本質之天然材料」者，僅可於「品名」、「圖畫」
或「記號」三者以外之「說明文字」明確指出特定成分屬「天然」原料；同時，
自 107 年 1 月 1 日起，市售產品之原料宣稱「天然」時，必須標示該原料之含量
百分比。而廠商需檢具採購天然物之證明、詳細加工流程及其他有助釐清該原料
本質之文件等備查。

Q29：食品用洗潔劑之標示可否宣稱「有機」？

A： 有機農糧產品之管理以中央農業主管機關之規定為準，故食品用洗潔劑針對「有機」字樣標示規定說明如下：

1. 行政院農業委員會（下稱農委會）未將食品用洗潔劑終產品列入驗證，故食品用洗潔劑之「品名」、「圖畫」或「記號」不得標示「有機」等同義之中、外文字樣。

2. 當食品用洗潔劑中特定「原料」或其來源為已取得中央農業主管機關認可之有機農糧產品者，方可於「品名」、「圖畫」或「記號」三者以外之說明文字說明該原料為「有機」原料；同時，自 107 年 1 月 1 日起，市售產品之原料宣稱「有機」時，必須標示該原料之含量百分比。而廠商需檢具中央農業主管機關認可該原料為有機農糧產品之文件等備查。

3. 舉例：洗碗精中添加黃豆萃取物，該黃豆已取得農委會「有機」農糧產品之核可者，可於產品標示之文字敘述為「黃豆萃取物來自有機黃豆」為原料之字樣，但不得置放有機標章圖案等易生「整罐產品為有機產品」誤解之標示廣告或宣稱。

Q30：食品用洗潔劑之標示可否宣稱「食品級」或「無毒」？

A： 食品用洗潔劑非為供食用之食品，不得宣稱「食品級」字樣。另，物質之毒性與劑量相關，任何物質過量攝入均可能有不良影響，故「無毒」一詞涉不實、誇張或易生誤解，同義之外文詞字亦不得標示。

Q31：進口食品用洗潔劑之中文標示應於何時完成？

A： 以產製日期為準。依據《食安法施行細則》第 22 條(106 年 7 月 13 日修正發布)，自 107 年 7 月 13 日後製造之產品於輸入時，應依《食安法》第 27 條規定加中文標示，始得輸入；但需再經改裝、分裝或其他加工程序者，輸入時應有品名、廠商名稱、日期等標示或其他能達貨證相符目的之標示或資訊，並應於販賣前完成中文標示。

Q32：進口之食品用洗潔劑是否只要中文標示符合規定即可？

A： 否，若外文標示違反《食安法》相關規定（例如該法第 28 條規定標示廣告宣稱不得涉不實、誇張或易生誤解），需更換新標、以貼標覆蓋或其他方式，去除違法之標示資訊。

Q33：食品用洗潔劑之贈品是否需符合食安法之標示規範？

A： 食品用洗潔劑種類眾多，包含清洗食品產線管路之強酸、強鹼等，如未明確標示，恐有誤用之安全疑慮。因此，作為贈品之食品用洗潔劑，因仍會供予消費者使用，其標示內容仍受食品安全衛生管理法標示法規規範。

Q34：有那些字詞涉不實、誇張或易生誤解？

A：1. 目前食品用洗潔劑已明確規範「食品級」或「無毒」字樣，不論出示任何證明皆不得標示；「天然」、「有機」字樣可有條件標示之（詳如 Q29、Q30）。其餘未明確規範者，依據案件具體情節判定之。

2. 例如針對洗滌類食品用洗潔劑之「抗菌」宣稱事宜，洗滌類食品用洗潔劑中之界面活性劑，與髒污（包含細菌）充分作用後，經清水沖洗之，包含添加於洗潔劑中之抗菌成份及細菌理應隨之沖洗乾淨，故正常使用洗滌類食品用洗潔劑原即具有去除細菌之效果，而非經「抗菌」原理使其菌數下降；且碗、盤、蔬果等經充分清洗後理應無抗菌劑殘留，故即使添加抗菌劑於洗潔劑中，僅能使洗潔劑本身不長菌而非使清洗過之碗、盤、蔬果等經清洗後不再長菌，不應於洗滌類食品用洗潔劑中標榜任何抗菌、制菌、殺菌、滅菌等字眼，建議廠商於標示中明確說明抗菌成份之添加，係使清潔劑本身不會繁殖細菌或等同詞義之文句。

3. 界面活性劑分子為雙性分子，同時具親水基及親油基，親油基易與油脂類等不溶於水之髒污結合後形成微粒，該微粒之親油基朝內、親水基朝外，親水基可溶於水流，藉由水流沖洗帶走髒污；惟，人體皮膚之細胞膜含脂質成分，如雙手直接接觸界面活性劑進行清洗，則其親油基會去除碗盤上油脂類髒污，亦會去除皮膚上脂質，於食品用洗潔劑產品標示宣稱「護膚」並不恰當，如業者已調整配方以避免影響人體皮膚，則建議改以「不傷手」或「不咬手」等客觀敘述。

Q35：食品用洗潔劑產品可否標示食品添加物許可證字號？

A：否，當食品用洗潔劑之成分與表列食品添加物相同時，即使該成分具食品添加物許可證字號，該字號仍不得標示於食品用洗潔劑之包裝，否則有易生誤解之虞。另，於成分欄位標示「符合我國食品添加物規格標準」等字樣，尚不致違反規定。

Q36：食品用洗潔劑之標示是否須經主管機關預審？

A：否，食品用洗潔劑之標示無預先審查制度，業者須秉持自主管理之精神，確認其產品衛生安全及標示之正確性，並對其負完全責任。

Q37：食品用洗潔劑之標示字體有無大小限制？

A：是，標示字體之長度及寬度，各不得小於 2 毫米(mm)。外文、阿拉伯數字或百分比符號應以與中文字比例相同之原則標示。

Q38：專供外銷之食品用洗潔劑是否須依食安法標示？

A：否，食品用洗潔劑如確認不會於我國販售而僅供外銷，則其標示逕符合進口國規定即可，得免依食安法規定辦理。

Q39：食品用洗潔劑標示之位置有何規定?標示方式有何規定？

A：1. 食品用洗潔劑標示之位置：以印刷、打印、壓印或貼標於最小販賣單位之包裝上，標示內容並應於販賣流通時清晰可見。

2. 食品用洗潔劑標示之方式：其以印刷或打印為之者，以不褪色且不脫落為準。

Q40：106 年 7 月 13 日修正發布之《食安法施行細則》第 22 條何時生效？

A：該條文自該細則 106 年 7 月 13 日發布後一年施行，並以產製日期為準，意即 107 年 7 月 13 日（含當日）後生產之食品用洗潔劑，應符合該細則第 22 條之規定。

Q41：《食安法》中食品用洗潔劑相關條文有何罰則？

A：1. 依據《食安法》第 44 條之規定，食品用洗潔劑相關業者違反《食安法》第 8 條第 1 項（食品良好衛生規範準則）規定，經命其限期改正，屆期不改正者；或違反第 16 條規定者，處新臺幣 6 萬元以上 2 億元以下罰鍰；情節重大者，並得命其歇業、停業一定期間、廢止其公司、商業、工廠之全部或部分登記事項，或食品業者之登錄；經廢止登錄者，一年內不得再申請重新登錄。

2. 依據《食安法》第 45 條之規定，違反第 28 條第一項（標示、宣傳或廣告，不得有不實、誇張或易生誤解之情形）者，處新臺幣 4 萬元以上 400 萬元以下罰鍰。

3. 依據《食安法》第 47 條之規定，食品用洗潔劑相關業者違反第 7 條第 5 項（於發現產品有危害衛生安全之虞時，應即主動停止製造、加工、販賣及辦理回收，並通報地方政府主管機關）規定者、依第 8 條第 3 項規定所登錄、建立或申報之資料不實者，或違反第 27 條（應標示項目）規定者，處新臺幣 3 萬元以上 300 萬元以下罰鍰；情節重大者，並得命其歇業、停業一定期間、廢止其公司、商業、工廠之全部或部分登記事項，或食品業者之登錄；經廢止登錄者，一年內不得再申請重新登錄。

4. 依據《食安法》第 48 條之規定，違反第 8 條第 3 項規定未辦理登錄者、違反第 10 條第 3 項（分廠分照）規定者，或違反中央主管機關依第 17 條所定標準（食品用洗潔劑衛生標準）之規定者，經命限期改正，屆期不改正者，處新臺幣 3 萬元以上 300 萬元以下罰鍰；情節重大者，並得命其歇業、停業一定期間、廢止其公司、

商業、工廠之全部或部分登記事項，或食品業者之登錄；經廢止登錄者，一年內不得再申請重新登錄。

5. 依據《食安法》第 49 條之規定，違反第 16 條第一款行為（有毒）者，處 7 年以下有期徒刑，得併科新臺幣 8 千萬元以下罰金。情節輕微者，處 5 年以下有期徒刑、拘役或科或併科新臺幣 8 百萬元以下罰金。

6. 依據《食安法》第 52 條之規定，違反第 16 條（安全條款）者，應予沒入銷毀。不符合中央主管機關依第 17 條所定標準（食品用洗潔劑衛生標準）者，其產品及以其為原料之產品，應予沒入銷毀。但實施消毒或採行適當安全措施後，仍可供食用、使用或不影響國人健康者，應通知限期消毒、改製或採行適當安全措施；屆期未遵行者，沒入銷毀之。標示違反第 27 條（應標示項目）或第 28 條第 1 項（標示、宣傳或廣告，不得有不實、誇張或易生誤解之情形）規定者，應通知限期回收改正，改正前不得繼續販賣；屆期未遵行或違反第 28 條第 2 項（食品不得為醫療效能之標示、宣傳或廣告）規定者，沒入銷毀之。

 **課後討論**

1. 食材或器皿被病菌污染的主要途徑有哪些？

2. 洗淨與否與哪些客觀因素有關？

3. 洗潔劑的哪個特性，可使清洗時仍保持中性？

4. 清洗劑中，若是使用水為硬水，則會有何種現象產生？

5. 最經濟、最簡單及最具效果的消毒滅菌法為何？

6. 試述硝於食材滅菌上之角色。

7. 試述煮沸殺菌法及蒸氣殺菌法。

8. 試述人工洗滌法。

9. 試述正確洗手步驟。

MEMO

CHAPTER

餐廳設備的安全與衛生管理

前言

　　餐廳中，若有不適當的設計，則管理者想要員工們時時保持合乎安全衛生標準的餐飲運作，這就有如有篩網去取水般的白費力氣，根本無法去完成它；衛生安全要求標準是需要有一套設計良好的餐飲設備，如果設備與設計配合得當，則所要求的衛生標準程序是較容易被施行的；本章節著重探討四大方面主題：

1. 牆、地板及天花板建築上考量其容易維持性。

2. 各項設備機具能符合衛生標準的設置。

3. 其他設施（如水、電）設計能使衛生清潔工作更為方便。

4. 正確的垃圾處理系統以避免食物污染及病菌滋生。

第一節　合乎安全與衛生的設計及法律相關規定

　　目前許多國家已經把餐旅服務設備的規劃定為法規，舉凡建築物本身所應具備之條件，社區之規劃，公共衛生與安全，都有法令在強力執行著；我們國家對餐飲相關行業的法規亦有非常明確的規定，茲分述如下：

5.1.1　有關建築物及其四周環境法規

　　依據中華民國 110 年 6 月 25 日，《各類場所消防安全設備設置標準》之規定法規如下：

第 4 條　　本標準用語定義如下：

　　　　　一、複合用途建築物：一棟建築物中有供第 12 條第 1 款至第 4 款各目所列用途二種以上，且該不同用途，在管理及使用形態上，未構成從屬於其中一主用途者；其判斷基準，由中央消防機關另定之。

　　　　　二、無開口樓層：建築物之各樓層供避難及消防搶救用之有效開口面積未達下列規定者：

　　　　　　　（一）11 層以上之樓層，具可內切直徑 50 公分以上圓孔之開口，合計面積為該樓地板面積 1/30 以上者。

  （二）10 層以下之樓層，具可內切直徑 50 公分以上圓孔之開口，合計面積為該樓地板面積 1/30 以上者。但其中至少應具有二個內切直徑 1 公尺以上圓孔或寬 75 公分以上、高 120 公分以上之開口。

三、高度危險工作場所：儲存一般可燃性固體物質倉庫之高度超過 5.5 公尺者，或易燃性液體物質之閃火點未超過 60℃ 與 37.8℃ 度時，其蒸氣壓未超過每平方公分 2.8 公斤或 0.28 百萬帕斯卡（以下簡稱 MPa）者，或可燃性高壓氣體製造、儲存、處理場所或石化作業場所，木材加工業作業場所及油漆作業場所等。

四、中度危險工作場所：儲存一般可燃性固體物質倉庫之高度未超過 5.5 公尺者，或易燃性液體物質之閃火點超過 60℃ 之作業場所或輕工業場所。

五、低度危險工作場所：有可燃性物質存在。但其存量少，延燒範圍小，延燒速度慢，僅形成小型火災者。

六、避難指標：標示避難出口或方向之指標。

前項第二款所稱有效開口，指符合下列規定者：

一、開口下端距樓地板面 120 公分以內。

二、開口面臨道路或寬度 1 公尺以上之通路。

三、開口無柵欄且內部未設妨礙避難之構造或阻礙物。

四、開口為可自外面開啟或輕易破壞得以進入室內之構造。採一般玻璃門窗時，厚度應在 6 毫米以下。

本標準所列有關建築技術、公共危險物品及可燃性高壓氣體用語，適用建築技術規則、公共危險物品及可燃性高壓氣體製造儲存處理場所設置標準暨安全管理辦法用語定義之規定。

第 5 條 各類場所符合建築技術規則以無開口且具 1 小時以上防火時效之牆壁、樓地板區劃分隔者，適用本標準各編規定，視為另一場所。

建築物間設有過廊，並符合下列規定者，視為另一場所：

一、過廊僅供通行或搬運用途使用，且無通行之障礙。

二、過廊有效寬度在 6 公尺以下。

三、連接建築物之間距，一樓超過 6 公尺，二樓以上超過 10 公尺。

建築物符合下列規定者，不受前項第 3 款之限制：

一、連接建築物之外牆及屋頂，與過廊連接相距 3 公尺以內者，為防火構造或不燃材料。

二、前款之外牆及屋頂未設有開口。但開口面積在 4 平方公尺以下，且設具半小時以上防火時效之防火門窗者，不在此限。

三、過廊為開放式或符合下列規定者：

（一）為防火構造或以不燃材料建造。

（二）過廊與二側建築物相連接處之開口面積在 4 平方公尺以下，且設具半小時以上防火時效之防火門。

（三）設置直接開向室外之開口或機械排煙設備。但設有自動撒水設備者，得免設。

前項第 3 款第 3 目之直接開向室外之開口或機械排煙設備，應符合下列規定：

一、直接開向室外之開口面積合計在 1 平方公尺以上，且符合下列規定：

（一）開口設在屋頂或天花板時，設有寬度在過廊寬度 1/3 以上，長度在 1 公尺以上之開口。

（二）開口設在外牆時，在過廊二側設有寬度在過廊長度 1/3 以上，高度 1 公尺以上之開口。

二、機械排煙設備能將過廊內部煙量安全有效地排至室外，排煙機連接緊急電源。

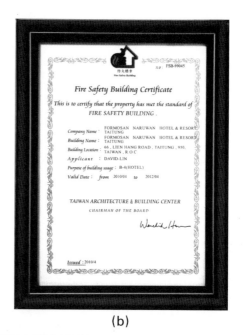

(a) (b)

🔥 圖 5.1　防火標章中英文證書
(a)該證書由財團法人臺灣建築中心所核定核發
(b)此證書證明臺東第一家五星級評定飯店娜路彎大酒店為合格業者

又依據《各類場所消防安全設備設置標準》（中華民國 110 年 6 月 25 日修正）

第 7 條　各類場所消防安全設備如下：

一、滅火設備：指以水或其他滅火藥劑滅火之器具或設備。

二、警報設備：指報知火災發生之器具或設備。

三、避難逃生設備：指火災發生時為避難而使用之器具或設備。

四、消防搶救上之必要設備：指火警發生時，消防人員從事搶救活動上必需之器具或設備。

五、其他經中央主管機關認定之消防安全設備。

第 8 條　滅火設備種類如下：

1. 滅火器、消防砂。

2. 室內消防栓設備。

3. 室外消防栓設備。

4. 自動撒水設備。

5. 水霧滅火設備。

6. 泡沫滅火設備。

7. 二氧化碳滅火設備。

8. 乾粉滅火設備。

9. 簡易自動滅火設備。

第 9 條　警報設備種類如下：

1. 火警自動警報設備。

2. 手動報警設備。

3. 緊急廣播設備。

4. 瓦斯漏氣火警自動警報設備。

5. 119 火災通報裝置。

第 10 條　避難逃生設備種類如下：

1. 標示設備：出口標示燈、避難方向指示燈、觀眾席引導燈、避難指標。

2. 避難器具：指滑臺、避難梯、避難橋、救助袋、緩降機、避難繩索、滑杆及其他避難器具。

3. 緊急照明設備。

第 11 條　消防搶救上之必要設備種類如下：

1. 連結送水管。

2. 消防專用蓄水池。

3. 排煙設備（緊急昇降機間、特別安全梯間排煙設備、室內排煙設備）。

4. 緊急電源插座。
5. 無線電通信輔助設備。
6. 防災監控系統綜合操作裝置。

所以依據上述法規及施行細則，餐旅業之消防安全設備須包括發現通報設備、初期滅火設備、煙控設備及消防搶救設備等，希望能從早期發現火災、發出警報動作、繼而通報安全避難，實施火災的初期滅火，則可減少燃燒、抑制發煙量，並以加壓方式防止煙霧侵入、利用機械力將煙排出以及提供消防搶救上之必要設備，如連結送水管、消防專用蓄水池、緊急電源插座等，以期降低最少人員損傷為目的。

依據《食品安全衛生管理法》第8條（民國108年6月12日修訂）食品業者之從業人員、作業場所、設施衛生管理及其品保制度，均應符合《食品良好衛生規範準則》。經中央主管機關公告類別及規模之食品業，應符合食品安全管制系統準則之規定。例如廁所規定「廁所」屬一般性之污染區，自應與製造、調配、加工、販賣、貯存食品或食品添加物之場所完全隔離；專供商業用之大樓，其大樓內餐飲店之廁所，不宜設在大樓外，以避免增加二次污染之機率。如其廁所設在不同樓層，則餐飲從業人員如廁前、後之行為，已脫離餐飲店掌控之範圍，極易形成衛生管理上之問題，因而仍以不核發衛生設備證明為宜。大樓內之餐店，其使用同樓層「公共廁所」者，應設立「廁所清潔管理規則」備查，以隨時保持廁所清潔。

另外餐飲業者於廁所洗手檯上方牆壁需明顯懸掛（黏貼）「餐廳員工注意：如廁後務必洗手」之標示，以提升食品衛生水準並協助降低腸病毒感染之機會，必要時得依「食品業者製造調配加工販賣貯存食品或食品添加物之場所及設施衛生標準」規定處辦。

現今臺灣各地百貨公司林立，而百貨公司美食街亦深獲大眾喜愛，但多數美食街均位於百貨公司的地下室，於是針對地下室之建築相關規定分為自營與外包商等之規定如下：大樓地下室美食街如整個區域屬共同活動空間，且營利事業登記證僅需登記乙份者（如公司自營、全部承包），其共同區域部分應有良好之病媒防治、排水、照明及空調設（措）施（含正壓系統），若整體共同區域符合公共飲食場所衛生管理辦法之有關規定（洗手間可共用，但需於同一樓面區間內），則得以整體範圍核發衛生設備合格證明。但若是大樓地下室美食街如整個區域屬共同活動空間，惟屬個別外包性質，其營利事業登記證需個別發放者，其共同區域部

分應有良好之病媒防治、排水、照明及空調設（措）施（含正壓系統），且個別攤商均應符合公共飲食場所衛生管辦法之有關規定（洗手間可共用，但需於同一樓面區間內），則應以個別攤商範圍核發衛生設備合格證明。

5.1.2　有關水源設備法規

依據行政院衛福部食品藥物管制局之規定《食品良好衛生規範》之用水規定：凡與食品直接接觸及清洗食品設備與用具之用水及冰塊應符合飲用水水質標準。前開所述之水係指食品原料用水，為經化學、物理或煮沸方式處理過之水，其衛生自應符合《食品良好衛生規範》用水之規定。若餐旅業以自來水為水源，需經過化學、物理或煮沸方式處理後才能供人飲用或做為食材原料用水，均需依「食品良好衛生規範」用水規定辦理。餐旅業依地形地理接引流接取湧泉、山澗水或自地下抽取之山泉水，其性狀屬尚未經化學、物理或煮沸方式處理過之水，其水源衛生也應符合行政院環境保護署所訂之「飲用水水源水質標準」。

《食品良好衛生規範》第 5 條食品業者之食品從業人員、設備器具、清潔消毒、廢棄物處理、油炸用食用油及管理衛生人員，應符合以下良好衛生管理基準之規定。

一、食品從業人員應符合下列規定：

1. 新進食品從業人員應先經醫療機構健康檢查合格後，始得聘僱；雇主每年應主動辦理健康檢查至少一次。

2. 新進食品從業人員應接受適當之教育訓練，使其執行能力符合生產、衛生及品質管理之要求；在職從業人員，應定期接受食品安全、衛生及品質管理之教育訓練，並作成紀錄。

3. 食品從業人員經醫師診斷罹患或感染 A 型肝炎、手部皮膚病、出疹、膿瘡、外傷、結核病、傷寒或其他可能造成食品污染之疾病，其罹患或感染期間，應主動告知現場負責人，不得從事與食品接觸之工作。

4. 食品從業人員於食品作業場所內工作時，應穿戴整潔之工作衣帽（鞋），以防頭髮、頭屑及夾雜物落入食品中，必要時應戴口罩。工作中與食品直接接觸之從業人員，不得蓄留指甲、塗抹指甲油及佩戴飾物等，並不得使塗抹於肌膚上之化粧品及藥品等污染食品或食品接觸面。

5. 食品從業人員手部應經常保持清潔，並應於進入食品作業場所前、如廁後或手部受污染時，依正確步驟洗手或（及）消毒。工作中吐痰、擤鼻涕或有其他可能污染手部之行為後，應立即洗淨後再工作。

6. 食品從業人員工作時，不得有吸菸、嚼檳榔、嚼口香糖、飲食或其他可能污染食品之行為。

7. 食品從業人員以雙手直接調理不經加熱即可食用之食品時，應穿戴消毒清潔之不透水手套，或將手部澈底洗淨及消毒。

8. 食品從業人員個人衣物應放置於更衣場所，不得帶入食品作業場所。

9. 非食品從業人員之出入，應適當管制；進入食品作業場所時，應符合前八款之衛生要求。

10. 食品從業人員於從業期間，應接受衛生主管機關或其認可或委託之相關機關（構）、學校、法人所辦理之衛生講習或訓練。

二、設備及器具之清洗衛生，應符合下列規定：

1. 食品接觸面應保持平滑、無凹陷或裂縫，並保持清潔。

2. 製造、加工、調配或包（盛）裝食品之設備、器具，使用前應確認其清潔，使用後應清洗乾淨；已清洗及消毒之設備、器具，應避免再受污染。

3. 設備、器具之清洗消毒作業，應防止清潔劑或消毒劑污染食品、食品接觸面及包（盛）裝材料。

三、清潔及消毒等化學物質及用具之管理，應符合下列規定：

1. 病媒防治使用之環境用藥，應符合環境用藥管理法及其相關法規之規定，並明確標示，存放於固定場所，不得污染食品或食品接觸面，且應指定專人負責保管及記錄其用量。

2. 清潔劑、消毒劑及有毒化學物質，應符合相關主管機關之規定，並明確標示，存放於固定場所，且應指定專人負責保管及記錄其用量。

3. 食品作業場所內，除維護衛生所必須使用之藥劑外，不得存放使用。

4. 有毒化學物質，應標明其毒性、使用及緊急處理。

5. 清潔、清洗及消毒用機具，應有專用場所妥善保存。

四、廢棄物處理應符合下列規定：

1. 食品作業場所內及其四周，不得任意堆置廢棄物，以防孳生病媒。

2. 廢棄物應依廢棄物清理法及其相關法規之規定清除及處理；廢棄物放置場所不得有異味或有害（毒）氣體溢出，防止病媒孳生，或造成人體危害。

3. 反覆使用盛裝廢棄物之容器，於丟棄廢棄物後，應立即清洗乾淨；處理廢棄物之機器設備，於停止運轉時，應立即清洗乾淨，防止病媒孳生。

4. 有危害人體及食品安全衛生之虞之化學藥品、放射性物質、有害微生物、腐敗物或過期回收產品等廢棄物，應設置專用貯存設施。

五、 油炸用食用油之總極性化合物(total polar compounds)含量達 25%以上時，不得再予使用，應全部更換新油。

六、 食品業者應指派管理衛生人員，就建築與設施及衛生管理情形，按日填報衛生管理紀錄，其內容包括本準則之所定衛生工作。

七、 食品工廠之管理衛生人員，宜於工作場所明顯處，標明該人員之姓名。

此外，餐飲業作業場所應符合下列規定：

第 22 條　一、洗滌場所應有充足之流動自來水，並具有洗滌、沖洗及有效殺菌三項功能之餐具洗滌殺菌設施；水龍頭高度應高於水槽滿水位高度，防水逆流污染；無充足之流動自來水者，應提供用畢即行丟棄之餐具。
　　　　　二、廚房之截油設施，應經常清理乾淨。
　　　　　三、油煙應有適當之處理措施，避免油煙污染。
　　　　　四、廚房應有維持適當空氣壓力及室溫之措施。
　　　　　五、餐飲業未設座者，其販賣櫃台應與調理、加工及操作場所有效區隔。

第 26 條　餐飲業之衛生管理，應符合下列規定：
　　　　　一、製備過程中所使用設備及器具，其操作及維護，應避免污染食品；必要時，應以顏色區分不同用途之設備及器具。
　　　　　二、使用之竹製、木製筷子或其他免洗餐具，應用畢即行丟棄；共桌分食之場所，應提供分食專用之匙、筷、叉及刀等餐具。
　　　　　三、提供之餐具，應維持乾淨清潔，不應有脂肪、澱粉、蛋白質、洗潔劑之殘留；必要時，應進行病原性微生物之檢測。
　　　　　四、製備流程應避免交叉污染。

五、 製備之菜餚，其貯存及供應應維持適當之溫度；貯放食品及餐具時，應有防塵、防蟲等衛生設施。

六、 外購即食菜餚應確保衛生安全。

七、 食品製備使用之機具及器具等，應保持清潔。

八、 供應生冷食品者，應於專屬作業區調理、加工及操作。

九、 生鮮水產品養殖處所，應與調理處所有效區隔。

十、 製備時段內，廚房之進貨作業及人員進出，應有適當之管制。

5.1.3　有關廢棄物處理設備之法規

依據事業廢棄物貯存清除處理方法及設施標準（民國 111 年 02 月 16 日）訂定與餐旅業相關；

第 2 條　本標準專用名詞定義如下：

一、 貯存：指事業廢棄物於清除、處理前，放置於特定地點或貯存容器、設施內之行為。

二、 清除：指事業廢棄物之收集、運輸行為。

三、 處理：指下列行為：

（一） 中間處理：指事業廢棄物在最終處置或再利用前，以物理、化學、生物、熱處理或其他處理方法，改變其物理、化學、生物特性或成分，達成分離、減積、去毒、固化或穩定之行為。

（二） 最終處置：指衛生掩埋、封閉掩埋、安定掩埋或海洋棄置事業廢棄物之行為。

（三） 再利用：指事業產生之事業廢棄物自行、販賣、轉讓或委託做為原料、材料、燃料、填土或其他經中央目的事業主管機關認定之用途行為，並應符合其規定者。

四、 清理：指貯存、清除或處理事業廢棄物之行為。

5.1.4　其他相關之規定

依據《臺北市公共飲食場所衛生管理辦法》（中華民國 104 年 8 月 10 日臺北市政府(104)府法綜字第 10432703700 號令修正）

第 9 條　從業人員患有下列疾病者，不得從事與食品接觸之工作：

一、 A 型肝炎。

二、 結核病。

三、傷寒。

四、經衛生主管機關公告之疾病。

第 10 條 公共飲食場所從業人員之清潔與衛生，應符合下列規定：

一、工作前應用清潔劑洗淨手部，工作中為吐痰、擤鼻涕、入廁或其他可能污染手部之行為者，應即洗淨後再工作；與食品直接接觸之從業人員不得蓄留指甲、塗抹指甲油或佩戴戒指。

二、調理食品時，如以雙手直接調理不經加熱即可食用之食品時，應穿戴消毒清潔之不透水手套或將手部洗淨及消毒。

三、工作中不得為吸菸、咀嚼食物或其他可能污染食品之行為。

四、調理食品時必須穿戴整潔之工作衣帽，以防頭髮、頭屑及夾雜物落入食品中。試吃時，應使用專用器具。

第 11 條 公共飲食場所不得僱用未經衛生主管機關指定之醫療機構健康檢查合格之新進從業人員。

公共飲食場所每年至少應辦理一次從業人員健康檢查。

前二項之健康檢查應包括下列項目：

一、結核病。

二、手部皮膚病。

三、A 型肝炎。但提出健康檢查 Anti-HAV 抗體(IgG)陽性或接種二劑 A 型肝炎疫苗之證明者，不在此限。

第 12 條 公共飲食場所之飲食及器具，應符合下列規定：

一、經回收之未完全食用食品，不得再提供顧客食用。

二、免洗餐具，不得回收使用。

三、使用非免洗餐具，須經有效殺菌並保持清潔。

四、供應顧客之擦拭用品，除經有效殺菌者外，以衛生紙（巾）為限。

第 13 條 公共飲食場所飲食物品之存放，應符合下列規定：

一、應保持清潔，並設置防塵及防止病媒侵入之設施。

二、立即可供食用之食品，應用器具裝貯並加蓋。

三、冷藏食品之中心溫度應保持在 7 ℃以下，凍結點以上；冷凍食品之中心溫度應保持–18 ℃以下。

四、食品之熱藏，溫度應保持 60 ℃以上。

五、食品應分別妥善保存，防止污染及敗壞。

六、設置倉庫者，須設置棧板，使貯存物品離牆壁與地面均在 5 公分以上，以保持良好通風。

許多餐廳設備在一剛開始被安置時，所考慮的主要是其外美觀與否，或許有考其耐用性及方便性，尤其是做內部設計的主體—地板、牆、天花板，一位經驗老練的餐廳經理一定會聯想到下列問題：

1. 其材質是否能經得起磨損及拉扯？

2. 材質是否因其過於透氣性及吸水性，而導致易沾上泥土？

3. 若表面不是光滑，是否因其有細縫而導致灰塵易於累積？

4. 材質表面是否容易上漆？

5. 材質表面是否須經常清洗或耐用？

6. 材質是否會成為光焰延燒的媒介材料？

5.2.1　材質分類

材質的選擇，對大多數的餐飲業而言，不可諱言的，價格的高低是考量的主要因素之一，目前市場上常見之種類達數百種，依其原屬材質主要分為十二類，分述其優缺點如下：

1. 柏油(Asphalt)

　　優點：富有彈性，價格不貴，具防水性及防酸性。

　　缺點：重壓下容易變形，不耐油脂及肥皂之磨損。

2. 地氈(Carpeting)

　　優點：富有彈性，具吸音性、吸震性，且外觀良好。

　　缺點：不適使用於食物製備區，維修上有衛生相關問題。

3. 瓷磚(Ceramic Tiles)

　　優點：不具彈性及吸收性，適用於牆質。

　　缺點：若使用於地板則太滑。

4. 混凝土(Concrete)

優點：不具彈性，價格不貴。

缺點：易浸透性，不適用於食物製備區。

5. 油氈(Linoleum)

優點：具彈性，但不具吸收性。

缺點：無法承受集中點之重壓。

6. 大理石(Marble)

優點：不具彈性及吸收性，有良好的外觀。

缺點：價格太貴，且太滑。

7. 塑膠(Plastic)

優點：大多數富有彈性，但不具吸收性。

缺點：無法曝露於鹼性液或洗潔劑中。

8. 橡膠(Rubber)

優點：富有彈性，且具防滑性質。

缺點：容易受油、酸、鹼等混合物侵蝕。

9. 玻璃磁磚(Qiarru Tiles)

優點：不具彈性及吸收性。

缺點：濕時易打滑，可加研磨劑改變其缺點。

10. 磨石子(Terrazzo)

優點：不具彈性及吸收性，如果處理完善(指大理石碎片及水泥混合緊密)，則有良好之外觀。

缺點：濕時易打滑。

11. 山烯樹脂磁磚(Vinyl Tiles)

優點：富有彈性、防水性、防油性。

缺點：水易滲浸入地板與接觸地面而造成侵蝕隙縫，易滋生細菌及造成塵土堆積。

12. 木材(Wood)

優點：具吸散性，良好的外觀。

缺點：價格太貴，易積塵及滋菌，無法使用於食物製備區，但可用於用餐區。

5.2.2 防火架構

由於近年來，於餐飲業中，發生多起不幸火災，如臺中市 ALA 夜店，因表演者表演火把秀，引燃屋頂易燃泡棉造成死傷慘重，引起政府深切關注，依據災後勘查分析結果，造成嚴重死傷災情主因之一為大量使用易燃性內裝材料之故。我國於建築法規及消防法規均有對建築結構及材料規定其耐燃性能要求，一般而言，將防火建材分為兩大類：

1. 耐燃材料
   (1) 定義：在火災初期或是受到高溫時，不易著火延燒，可阻止燃燒成長，且發熱、發煙及有毒氣體的產生量均低者，即可稱為「耐燃材料」，如石膏板、纖維水泥板。
   (2) 功能：在防火初期高溫狀態下
      a. 可防止著火發生。
      b. 可阻止火焰迅速延燒及燃燒成長。
      c. 受高溫或燃燒時，不易產生濃煙及有毒氣體。
   (3) 適用範圍：天花板、牆壁及其他室內表面材料（但不包含地坪材料）。

2. 防焰材料
   (1) 定義：指具有遇到微小火源可防止起火或延緩燃燒速度的裝修薄材料或裝飾製品，如；地毯、窗簾、人工草皮、壁紙等材料。

(2) 功能：在微小火源狀態下
   a. 可避免引起著火。
   b. 可防止擴大燃燒或可自行熄滅。
   c. 燃燒時不易產生大量濃煙及有毒氣體。
(3) 適用範圍：地毯、樹脂地磚、人工草皮、窗簾、布幕、壁紙、壁布等材料。

　　且依據災後勘查分析的結果，造成嚴重災情的主因之一往往不離大量使用易燃性內裝材料之故，由於預防火災及保障生命安全需要多方面政策配合，若使用合格防火性能材料進行室內裝修、裝飾之建築物，雖不能百分之百保證火災不再發生，但絕對相信火災發生的可能性及火害程度將可減至最低，因此大幅增加室內人員生存機會及降低災害造成生財機具之損失。

第三節　設備－洗碗機、砧板、冷凍冷藏庫

　　目前許多廠商所生產或製造之機具設備均在安全及衛生上之考量，美國國際衛生組織(Nation Sanitation Foundation, NSF)尤其針對餐飲服務設備有以下建議：

1. 設備必須能做最精確及有效的功用。

2. 設備必須能容易拆卸清洗，且不須使用任何拆裝工具。

3. 所有材質必須無毒性，且與食物接觸部位必須無色、無味、無吸收性。

4. 設備內部有可能與食物接觸之墮落及邊緣必須為平整光滑，且不得使用焊接材質，外部角落及轉角處須封起或保持平滑。

5. 所有表面材質須能時時保持光滑，且無任何隙縫產生。

6. 表層材質（或塗料）須能抗分餾及防碎。

7. 廢棄物（或液體）須能容易去除，例如飲料機須有盛接盤，以盛接過量溢出之飲料，並易傾倒及清洗。

8. 任何難清洗的部位須有防塵設施保護。

　　一般而言，這些建議是提供給餐飲業界做個參考，而家用設備並未要求一定要符合這些標準，NSF 又提出洗碗機、砧板、冷凍冷藏庫所須注意事項，分述如下：

5.3.1　洗碗機

1. 洗碗機的內部接縫處須平滑，以避免塵土及水分的積聚。

2. 連接洗碗機的水管須越短越好，以避免水溫降低而降低洗淨的能力。

3. 洗碗機的主體最好離地面至少 6 英吋（15 公分），以利清洗底部。

4. 洗碗機的表面須能耐磨損，特別是洗潔劑及害蟲之侵蝕。

5. 洗碗機及清洗器具的接觸面必須是平滑的、不具吸收性的、無毒的及防蝕的。

6. 必須安置水溫計，以利使用者得悉適宜清洗時間及正確溫度。

5.3.2　砧板

目前多使用硬橡皮及 PE 製品，其優點如下：

1. 不易碎製及產生刀痕，可避免細菌之滋生。

2. 可接受洗潔劑及殺菌劑之消毒。

而木製砧板的使用則大多無上述之優點，若欲使用則須仔細選擇材質，最好是不具吸收性的硬楓木板；另外使用時更須注意生熟食分用不同砧板，以避免細菌感染。目前各餐廳為避免熟食受生鮮原料污染，應用的砧板用途與標示如下：紅色砧板用於生食，白色砧板用於熟食，綠色砧板用於蔬果類，藍色砧板用於海鮮水產類。

5.3.3　冷凍冷藏庫或冰箱

冷藏只可延遲食物中細菌的生長，但是並不能讓已腐敗或生菌之食物恢復新鮮原貌，大多數的食物只適合短暫的冷藏而不宜長久貯存於冷藏庫內；餐飲業中常見的冷藏庫種類有二種：一為組合式冷藏室，另一為直立式（又有分二門或三門），茲將此二類冷藏庫須注意事項分敘如下：

1. 冷藏庫的材質以不鏽鋼或鋼鋁混合金屬製品為最佳。

2. 冷藏庫的門須厚重。

3. 冷藏室的門內須有反反鎖裝置，以避免工作人員被鎖於冷藏室中而產生危險。

4. 冷藏庫外，至少要有庫內溫度標示計，以確定冷藏溫度均保持於標準溫度下(35 ℉)。

5. 冷藏室並應有透明鏡（窗）之設置，可使冷氣對流，使冷度均勻。

6. 直立式的冷凍冷藏冰箱，其底部距離地面至少須有 6 英吋（15 公分以上）。

7. 營業用冷藏庫冰箱須有冷卻風扇之裝置，可使冷氣對流，使冷度均勻。

8. 冷藏庫的表面材質須易清洗，且庫內置物架須能輕易拆卸以利清洗。

9. 所有冷藏食物仍須依類分別包裝置入冷藏庫內，以避免細菌感染。

　　而冷凍庫的建立，基本上對於像餐飲業如此有計畫的銷售食物，是不被允許的，因為只有買入過多的食物，或買錯食物，才有可能將這些剩餘食物置入冷凍庫內冷凍保存。

第四節　設備之安置管理

5.4.1　動線與設備安置管理

　　不可諱言，目前大多數的餐飲業，其設備管理基本上首重其經濟性及實際工作效能，當然，其本身所應具備之衛生性及安全性是在考量的範圍，例如廚房的規劃首重其動線迅速、簡單，其次才考慮其衛生安全上的要求，這並非不重視安全與衛生的管理，而是若無一有效完善的動線規劃，則更遑論要求員工能奉行安全衛生計畫，圖 5.2 將餐飲設備配置與動線規劃之相關描繪非常詳細，由此圖，我們可以歸納以下幾點注意事項：

1. 貯存區必須靠近收貨區，以避免貨品延遲入冷凍冷藏庫，致影響品質甚而細菌污染。

2. 員工有專用盥洗室，須和顧客盥洗室分別，以示尊重顧客，並方便員工使用。

3. 垃圾貯存區域須與廚房任一區域完全隔離，以免造成二次污染及不潔之氣味。

4. 經理室的位置以能控制全場（內外場）為主。

5. 製備區或工作台的位置以靠近各爐台及烤箱為主。

6. 餐盤洗滌區應靠近碗盤收納口,以利運送清洗。

7. 應有一洗手設備靠近出菜口,以利員工隨時清洗其雙手。

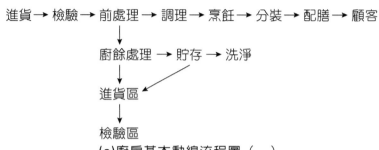

進貨 → 檢驗 → 前處理 → 調理 → 烹飪 → 分裝 → 配膳 → 顧客
　　　　　　　　↓
　　　　　　廚餘處理 → 貯存 → 洗淨
　　　　　　↓
　　　　　進貨區
　　　　　　↓
　　　　　檢驗區

(a)廚房基本動線流程圖 (一)

🖢 圖 5.2　廚房基本動線流程圖

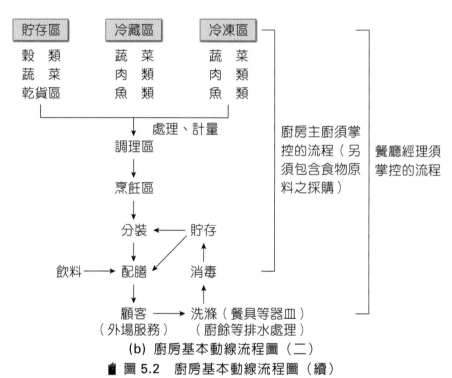

(b) 廚房基本動線流程圖 (二)

🖢 圖 5.2　廚房基本動線流程圖 (續)

5.4.2　地面及牆與設備安置管理

　　一般設備若為可移動性,則須一人之力即可移之,因為其不論靠牆面或靠地面,均須經常清洗以保清潔,若為較重設備,則須將之固定於地面或牆面,但仍須保留一定之距離或空間,以利清洗。由此我們可歸納出以下幾個注意事項:

1. 設備主機須距離地面至少要有 6 英吋（15 公分）的高度。

2. 若全部或地面黏封者，其封底宜採用磚石材質，弧度半徑至少 1/4 英吋。

3. 固定於牆之設備其與地面及牆壁之距離至少須保持 6 英吋以上，以利清潔。

第五節　其　他

　　有一些細部設備，如空調、水源水管、燈光、電源電氣設備、垃圾處理等，均須有完善的安置計畫，若依衛生及安全層面去考量，則於安置時須注意兩件事：一為設備本身材質應避免造成食物細菌感染；二為任何幫助製造產量的細部設備，均能符合設備安全衛生需求。底下將依各細部設備分別予以說明其於安置管理時應注意之安全與衛生事項：

1. 水源設備

　　目前於一般城鎮均有安全的給水系統，於餐飲業最大的水源影響為水壓的問題，洗碗機常因水壓不足而造成碗碟無法清洗乾淨。另外私人給水系統，例如水塔，須定期清洗消毒，如果使用瓶裝或桶裝水（如蒸餾水或礦泉水）須確定其來源正常且合乎法律規定。

2. 水管及污水設備

　　水受污染，最大問題出於水的迴流，這與水壓又有極為密切的關係，除之外，水管曲度、水管徑及承接水槽的空氣溝(Air gap)或 S 管均會造成污水倒流，而於餐飲業中，大多數對水管及污水設備皆有嚴格要求以避免水受到污染。

3. 通風設備

　　目前國內多數餐廳已開始注重廚房空調問題，大多數的飯店其廚房均有空調設備系統，為什麼廚房一定要安裝此系統？它對餐飲的安全與衛生會有哪些功用？茲分述如下：

(1) 降低因油脂積聚而引起火災的可能性。

(2) 員工工作舒適，提高工作效率。

(3) 減少從牆壁及天花板，因溫度過高及油脂凝結滴入製備的食物中，造成污染。

(4) 因空氣充分循環，可減少食物製備區塵土的積聚。

(5) 預防有毒氣體的集中。

(6) 降低不良氣味的產生。

(7) 降低潮濕度。

(8) 減少黴菌生長機率。

(9) 減低害蟲進入的可能性。

(10) 預防食物製備當中，因溫度過高而致細菌或病菌滋長。

4. 光源設備

一般而言，光源設備會影響員工工作習慣及效率，更會影響整個工作環境的安全性，以光源距離工作台面 30 英吋計算，至少需有 200 燭光的光度；而貯存區及一般走道，至少也要有 10 燭光的光度；良好的光源設備甚至可預防塵土的積聚。

5. 電源設備

電源設備攸關所有一切設備機具之運作，舉個簡單的例子，用餐區的地板若使用地毯裝飾，則吸塵器的使用視為必然，一旦電力不足或變電器損壞，則於餐飲業所造成的傷害，不是只有清潔、烹烤煮的問題，尚有照明、空調及冷凍冷藏的貯存問題。

6. 盥洗室設備

有關化糞池之設置管理，於法規已有明定，而盥洗室內設備至少應包含烘手機一具。

7. 垃圾處理設備

對於餐飲業而言，垃圾處理之於整個餐飲運作有莫大的關係，應注意事項如下：

(1) 垃圾收集桶必須易清洗、耐用、且防漏，大多數材質為塑膠或金屬製品。

(2) 垃圾袋必須具強化性質，能負重力。

(3) 所有的垃圾收集桶（裝）必須與食物製備區完全隔離，避免造成二次污染。

(4) 垃圾收集區必須有足夠的空間，且須易清洗及消毒，避免造成氣味污染。

法・規 ⚖ 彙・編

壹、各類場所消防安全設備設置標準

中華民國 102 年 5 月 1 日

中華民國 102 年 5 月 1 日內政部臺內消字第 1020821188 號令修正發布第 6 條、第 12 條、第 14 條、第 17 條、第 19 條、第 24 條、第 111 條之 1、第 157 條、第 160 條、第 189 條、第 235 條 條文

中華民國 110 年 6 月 25 日內政部台內消字第 1100821034 號令修正發布第 4、11、30、31、113、117、125、127、130、139、144、156、159、183、185、188、192、193～195、221、223、235、236、238 條條文及第三編第四章第五節節名；增訂第 30-1、192-1 條條文；除第 113 條條文自 111 年 7 月 1 日施行外，其餘修正條文自 110 年 6 月 25 日施行

第二編　消防設計

第 4 條　本標準用語定義如下：

一、複合用途建築物：一棟建築物中有供第 12 條第 1 款至第 4 款各目所列用途二種以上，且該不同用途，在管理及使用形態上，未構成從屬於其中一主用途者；其判斷基準，由中央消防機關另定之。

二、無開口樓層：建築物之各樓層供避難及消防搶救用之有效開口面積未達下列規定者：

（一）11 層以上之樓層，具可內切直徑 50 公分以上圓孔之開口，合計面積為該樓地板面積 1/30 以上者。

（二）10 層以下之樓層，具可內切直徑 50 公分以上圓孔之開口，合計面積為該樓地板面積 1/30 以上者。但其中至少應具有二個內切直徑 1 公尺以上圓孔或寬 75 公分以上、高 120 公分以上之開口。

三、高度危險工作場所：儲存一般可燃性固體物質倉庫之高度超過 5.5 公尺者，或易燃性液體物質之閃火點未超過 60℃與 37.8℃時，其蒸氣壓未超過每平方公分 2.8 公斤或 0.28 百萬帕斯卡（以下簡稱 MPa）者，或可燃性高壓氣體製造、儲存、處理場所或石化作業場所，木材加工業作業場所及油漆作業場所等。

四、中度危險工作場所：儲存一般可燃性固體物質倉庫之高度未超過 5.5 公尺者，或易燃性液體物質之閃火點超過 60℃之作業場所或輕工業場所。

五、 低度危險工作場所：有可燃性物質存在。但其存量少，延燒範圍小，延
燒速度慢，僅形成小型火災者。

六、 避難指標：標示避難出口或方向之指標。

前項第二款所稱有效開口，指符合下列規定者：

一、 開口下端距樓地板面 120 公分以內。

二、 開口面臨道路或寬度 1 公尺以上之通路。

三、 開口無柵欄且內部未設妨礙避難之構造或阻礙物。

四、 開口為可自外面開啟或輕易破壞得以進入室內之構造。採一般玻璃門窗
時，厚度應在 6 毫米以下。

本標準所列有關建築技術、公共危險物品及可燃性高壓氣體用語，適用建築
技術規則、公共危險物品及可燃性高壓氣體製造儲存處理場所設置標準暨安
全管理辦法用語定義之規定。

第 5 條　　各類場所符合建築技術規則以無開口且具 1 小時以上防火時效之牆壁、樓地
板區劃分隔者，適用本標準各編規定，視為另一場所。

建築物間設有過廊，並符合下列規定者，視為另一場所：

一、 過廊僅供通行或搬運用途使用，且無通行之障礙。

二、 過廊有效寬度在 6 公尺以下。

三、 連接建築物之間距，一樓超過 6 公尺，二樓以上超過 10 公尺。

建築物符合下列規定者，不受前項第 3 款之限制：

一、 連接建築物之外牆及屋頂，與過廊連接相距 3 公尺以內者，為防火構造
或不燃材料。

二、 前款之外牆及屋頂未設有開口。但開口面積在 4 平方公尺以下，且設具
半小時以上防火時效之防火門窗者，不在此限。

三、 過廊為開放式或符合下列規定者：

（一） 為防火構造或以不燃材料建造。

（二） 過廊與二側建築物相連接處之開口面積在 4 平方公尺以下，且設
具半小時以上防火時效之防火門。

（三） 設置直接開向室外之開口或機械排煙設備。但設有自動撒水設備
者，得免設。

前項第 3 款第 3 目之直接開向室外之開口或機械排煙設備，應符合下列規定：

一、 直接開向室外之開口面積合計在 1 平方公尺以上，且符合下列規定：

（一） 開口設在屋頂或天花板時，設有寬度在過廊寬度 1/3 以上，長度在
1 公尺以上之開口。

（二） 開口設在外牆時，在過廊二側設有寬度在過廊長度 1/3 以上，高度 1 公尺以上之開口。

二、 機械排煙設備能將過廊內部煙量安全有效地排至室外，排煙機連接緊急電源。

第 7 條　各類場所消防安全設備如下：

一、 滅火設備：指以水或其他滅火藥劑滅火之器具或設備。

二、 警報設備：指報知火災發生之器具或設備。

三、 避難逃生設備：指火災發生時為避難而使用之器具或設備。

四、 消防搶救上之必要設備：指火警發生時，消防人員從事搶救活動上必需之器具或設備。

五、 其他經中央主管機關認定之消防安全設備。

第 8 條　滅火設備種類如下：

一、 滅火器、消防砂。

二、 室內消防栓設備。

三、 室外消防栓設備。

四、 自動撒水設備。

五、 水霧滅火設備。

六、 泡沫滅火設備。

七、 二氧化碳滅火設備。

八、 乾粉滅火設備。

九、 簡易自動滅火設備。

第 9 條　警報設備種類如下：

一、 火警自動警報設備。

二、 手動報警設備。

三、 緊急廣播設備。

四、 瓦斯漏氣火警自動警報設備。

五、 119 火災通報裝置。

第 10 條　避難逃生設備種類如下：

一、 標示設備：出口標示燈、避難方向指示燈、觀眾席引導燈、避難指標。

二、 避難器具：指滑臺、避難梯、避難橋、救助袋、緩降機、避難繩索、滑杆及其他避難器具。

三、 緊急照明設備。

第 11 條　消防搶救上之必要設備種類如下：

一、連結送水管。

二、消防專用蓄水池。

三、排煙設備（緊急升降機間、特別安全梯間排煙設備、室內排煙設備）。

四、緊急電源插座。

五、無線電通信輔助設備。

六、防災監控系統綜合操作裝置。

第 12 條　各類場所按用途分類如下：

一、甲類場所：

（一）電影片映演場所（戲院、電影院）、歌廳、舞廳、夜總會、俱樂部、理容院（觀光理髮、視聽理容等）、指壓按摩場所、錄影節目帶播映場所（MTV 等）、視聽歌唱場所（KTV 等）、酒家、酒吧、酒店（廊）。

（二）保齡球館、撞球場、集會堂、健身休閒中心（含提供指壓、三溫暖等設施之美容瘦身場所）、室內螢幕式高爾夫練習場、遊藝場所、電子遊戲場、資訊休閒場所。

（三）觀光旅館、飯店、旅館、招待所（限有寢室客房者）。

（四）商場、市場、百貨商場、超級市場、零售市場、展覽場。

（五）餐廳、飲食店、咖啡廳、茶藝館。

（六）醫院、療養院、榮譽國民之家、長期照顧服務機構（限機構住宿式、社區式之建築物使用類組非屬 H-2 之日間照顧、團體家屋及小規模多機能）、老人福利機構（限長期照護型、養護型、失智照顧型之長期照顧機構、安養機構）、兒童及少年福利機構（限托嬰中心、早期療育機構、有收容未滿二歲兒童之安置及教養機構）、護理機構（限一般護理之家、精神護理之家、產後護理機構）、身心障礙福利機構（限供住宿養護、日間服務、臨時及短期照顧者）、身心障礙者職業訓練機構（限提供住宿或使用特殊機具者）、啟明、啟智、啟聰等特殊學校。

（七）三溫暖、公共浴室。

二、乙類場所：

（一）車站、飛機場大廈、候船室。

（二）期貨經紀業、證券交易所、金融機構。

（三）學校教室、兒童課後照顧服務中心、補習班、訓練班、K 書中心、前款第 6 目以外之兒童及少年福利機構（限安置及教養機構）及身心障礙者職業訓練機構。

（四）圖書館、博物館、美術館、陳列館、史蹟資料館、紀念館及其他類似場所。

（五）寺廟、宗祠、教堂、供存放骨灰（骸）之納骨堂（塔）及其他類似場所。

（六）辦公室、靶場、診所、長期照顧服務機構（限社區式之建築物使用類組屬 H-2 之日間照顧、團體家屋及小規模多機能）、日間型精神復健機構、兒童及少年心理輔導或家庭諮詢機構、身心障礙者就業服務機構、老人文康機構、前款第六目以外之老人福利機構及身心障礙福利機構。

（七）集合住宅、寄宿舍、住宿型精神復健機構。

（八）體育館、活動中心。

（九）室內溜冰場、室內游泳池。

（十）電影攝影場、電視播送場。

（十一）倉庫、傢俱展示販售場。

（十二）幼兒園。

三、丙類場所：

（一）電信機器室。

（二）汽車修護廠、飛機修理廠、飛機庫。

（三）室內停車場、建築物依法附設之室內停車空間。

四、丁類場所：

（一）高度危險工作場所。

（二）中度危險工作場所。

（三）低度危險工作場所。

五、戊類場所：

（一）複合用途建築物中，有供第 1 款用途者。

（二）前目以外供第 2 款至前款用途之複合用途建築物。

（三）地下建築物。

六、其他經中央主管機關公告之場所。

第 14 條　下列場所應設置滅火器：

一、甲類場所、地下建築物、幼兒園。

二、總樓地板面積在 150 平方公尺以上之乙、丙、丁類場所。

三、設於地下層或無開口樓層，且樓地板面積在 50 平方公尺以上之各類場所。

四、設有放映室或變壓器、配電盤及其他類似電氣設備之各類場所。

五、設有鍋爐房、廚房等大量使用火源之各類場所。

第 17 條　下列場所或樓層應設置自動撒水設備：

一、 十層以下建築物之樓層，供第 12 條第 1 款第 1 目所列場所使用，樓地板面積合計在 300 平方公尺以上者；供同款其他各目及第 2 款第 1 目所列場所使用，樓地板面積在 1,500 平方公尺以上者。

二、 建築物在 11 層以上之樓層，樓地板面積在 100 平方公尺以上者。

三、 地下層或無開口樓層，供第 12 條第 1 款所列場所使用，樓地板面積在 1,000 平方公尺以上者。

四、 11 層以上建築物供第 12 條第 1 款所列場所或第 5 款第 1 目使用者。

五、 供第 12 條第 5 款第 1 目使用之建築物中，甲類場所樓地板面積合計達 3,000 平方公尺以上時，供甲類場所使用之樓層。

六、 供第 12 條第 2 款第 11 目使用之場所，樓層高度超過 10 公尺且樓地板面積在 700 平方公尺以上之高架儲存倉庫。

七、 總樓地板面積在 1,000 平方公尺以上之地下建築物。

八、 高層建築物。

九、 供第 12 條第 1 款第 6 目所定榮譽國民之家、長期照顧服務機構（限機構住宿式、社區式之建築物使用類組非屬 H-2 之日間照顧、團體家屋及小規模多機能）、老人福利機構（限長期照護型、養護型、失智照顧型之長期照顧機構、安養機構）、護理機構（限一般護理之家、精神護理之家）、身心障礙福利機構（限照顧植物人、失智症、重癱、長期臥床或身心功能退化者）使用之場所。

前項應設自動撒水設備之場所，依本標準設有水霧、泡沫、二氧化碳、乾粉等滅火設備者，在該有效範圍內，得免設自動撒水設備。

第 1 項第 9 款所定場所，其樓地板面積合計未達 1,000 平方公尺者，得設置水道連結型自動撒水設備或與現行法令同等以上效能之滅火設備或採用中央主管機關公告之措施；水道連結型自動撒水設備設置基準，由中央消防機關定之。

第 19 條　下列場所應設置火警自動警報設備：

一、 5 層以下之建築物，供第 12 條第 1 款及第 2 款第 12 目所列場所使用，任何一層之樓地板面積在 300 平方公尺以上者；或供同條第 2 款（第 12 目除外）至第 4 款所列場所使用，任何一層樓地板面積在 500 平方公尺以上者。

二、 6 層以上 10 層以下之建築物任何一層樓地板面積在 300 平方公尺以上者。

三、 11 層以上建築物。

四、 地下層或無開口樓層，供第 12 條第 1 款第 1 目、第 5 目及第 5 款（限其中供第 1 款第 1 目或第 5 目使用者）使用之場所，樓地板面積在 100 平方公尺以上者；供同條第 1 款其他各目及其他各款所列場所使用，樓地板面積在 300 平方公尺以上者。

五、 供第 12 條第 5 款第 1 目使用之建築物，總樓地板面積在 500 平方公尺以上，且其中甲類場所樓地板面積合計在 300 平方公尺以上者。

六、 供第 12 條第 1 款及第 5 款第 3 目所列場所使用，總樓地板面積在 300 平方公尺以上者。

七、 供第 12 條第 1 款第 6 目所定榮譽國民之家、長期照顧服務機構（限機構住宿式、社區式之建築物使用類組非屬 H-2 之日間照顧、團體家屋及小規模多機能）、老人福利機構（限長期照護型、養護型、失智照顧型之長期照顧機構、安養機構）、護理機構（限一般護理之家、精神護理之家）、身心障礙福利機構（限照顧植物人、失智症、重癱、長期臥床或身心功能退化者）使用之場所。

前項應設火警自動警報設備之場所，除供甲類場所、地下建築物、高層建築物或應設置偵煙式探測器之場所外，如已依本標準設置自動撒水、水霧或泡沫滅火設備（限使用標示溫度 75℃ 以下，動作時間 60 秒以內之密閉型撒水頭）者，在該有效範圍內，得免設火警自動警報設備。

第 20 條　下列場所應設置手動報警設備：
一、 3 層以上建築物，任何一層樓地板面積在 200 平方公尺以上者。
二、 第 12 條第 1 款第 3 目之場所。

第 21 條　下列使用瓦斯之場所應設置瓦斯漏氣火警自動警報設備：
一、 地下層供第 12 條第 1 款所列場所使用，樓地板面積合計 1,000 平方公尺以上者。
二、 供第 12 條第 5 款第 1 目使用之地下層，樓地板面積合計 1,000 平方公尺以上，且其中甲類場所樓地板面積合計 500 平方公尺以上者。
三、 總樓地板面積在 1,000 平方公尺以上之地下建築物。

第 28 條　下列場所應設置排煙設備：
一、 供第 12 條第 1 款及第 5 款第 3 目所列場所使用，樓地板面積合計在 500 平方公尺以上。
二、 樓地板面積在 100 平方公尺以上之居室，其天花板下方 80 公分範圍內之有效通風面積未達該居室樓地板面積 2% 者。
三、 樓地板面積在 1,000 平方公尺以上之無開口樓層。

四、 供第 12 條第 1 款第 1 目所列場所及第 2 目之集會堂使用，舞臺部分之樓地板面積在 500 平方公尺以上者。

五、 依建築技術規則應設置之特別安全梯或緊急昇降機間。

前項場所之樓地板面積，在建築物以具有 1 小時以上防火時效之牆壁、平時保持關閉之防火門窗等防火設備及各該樓層防火構造之樓地板區劃，且防火設備具 1 小時以上之阻熱性者，增建、改建或變更用途部分得分別計算。

第 29 條　下列場所應設置緊急電源插座：

一、 11 層以上建築物之各樓層。

二、 總樓地板面積在 1,000 平方公尺以上之地下建築物。

三、 依建築技術規則應設置之緊急昇降機間。

第 30 條　下列場所應設置無線電通信輔助設備：

一、 樓高在 100 公尺以上建築物之地下層。

二、 總樓地板面積在 1,000 平方公尺以上之地下建築物。

三、 地下層在 4 層以上，且地下層樓地板面積合計在 3,000 平方公尺以上建築物之地下層。

第 30-1 條　下列場所應設置防災監控系統綜合操作裝置：

一、 高層建築物。

二、 總樓地板面積在 5 萬平方公尺以上之建築物。

三、 總樓地板面積在 1,000 平方公尺以上之地下建築物。

四、 其他經中央主管機關公告之供公眾使用之場所。

第三編　消防安全設計

第一章　滅火設備

第一節　滅火器及室內消防栓設備

第 31 條　滅火器應依下列規定設置：

一、視各類場所潛在火災性質設置，並依下列規定核算其最低滅火效能值：

（一） 供第 12 條第 1 款及第 5 款使用之場所，各層樓地板面積每 100 平方公尺（含未滿）有一滅火效能值。

（二） 供第 12 條第 2 款至第 4 款使用之場所，各層樓地板面積每 200 平方公尺（含未滿）有一滅火效能值。

（三） 鍋爐房、廚房等大量使用火源之處所，以樓地板面積每 25 平方公尺（含未滿）有一滅火效能值。

二、 電影片映演場所放映室及電氣設備使用之處所，每 100 平方公尺（含未滿）另設一滅火器。

三、 設有滅火器之樓層，自樓面居室任一點至滅火器之步行距離在 20 公尺以下。

四、 固定放置於取用方便之明顯處所，並設有以紅底白字標明滅火器字樣之標識，其每字應在 20 平方公分以上。但與室內消防栓箱等設備併設於箱體內並於箱面標明滅火器字樣者，其標識顏色不在此限。

五、 懸掛於牆上或放置滅火器箱中之滅火器，其上端與樓地板面之距離，18 公斤以上者在 1 公尺以下，未滿 18 公斤者在 1.5 公尺以下。

第三節　自動撒水設備

第 49 條　下列處所得免裝撒水頭：

一、 洗手間、浴室或廁所。

二、 室內安全梯間、特別安全梯間或緊急昇降機間之排煙室。

三、 防火構造之昇降機昇降路或管道間。

四、 昇降機機械室或通風換氣設備機械室。

五、 電信機械室或電腦室。

六、 發電機、變壓器等電氣設備室。

七、 外氣流通無法有效探測火災之走廊。

八、 手術室、產房、X 光（放射線）室、加護病房或麻醉室等其他類似處所。

九、 第 12 條第 1 款第 1 目所列場所及第 2 目之集會堂使用之觀眾席，設有固定座椅部分，且撒水頭裝置面高度在 8 公尺以上者。

十、 室內游泳池之水面或溜冰場之冰面上方。

十一、 主要構造為防火構造，且開口設有具 1 小時以上防火時效之防火門之金庫。

十二、 儲存鋁粉、碳化鈣、磷化鈣、鈉、生石灰、鎂粉、鉀、過氧化鈉等禁水性物質或其他遇水時將發生危險之化學品倉庫或房間。

十三、 第 17 條第 1 項第 5 款之建築物（地下層、無開口樓層及第 11 層以上之樓層除外）中，供第 12 條第 2 款至第 4 款所列場所使用，與其他部分間以具 1 小時以上防火時效之牆壁、樓地板區劃分隔，並符合下列規定者：

（一） 區劃分隔之牆壁及樓地板開口面積合計在 8 平方公尺以下，且任一開口面積在 4 平方公尺以下。

（二） 前目開口部設具 1 小時以上防火時效之防火門窗等防火設備，且開口部與走廊、樓梯間不得使用防火鐵捲門。但開口面積在

4 平方公尺以下,且該區劃分隔部分能二方向避難者,得使用具半小時以上防火時效之防火門窗等防火設備。

十四、第 17 條第 1 項第 4 款之建築物(地下層、無開口樓層及第 11 層以上之樓層除外)中,供第 12 條第 2 款至第 4 款所列場所使用,與其他部分間以具 1 小時以上防火時效之牆壁、樓地板區劃分隔,並符合下列規定者:

(一)區劃分隔部分,樓地板面積在 200 平方公尺以下。

(二)內部裝修符合建築技術規則建築設計施工編第 88 條規定。

(三)開口部設具 1 小時以上防火時效之防火門窗等防火設備,且開口部與走廊、樓梯間不得使用防火鐵捲門。但開口面積在 4 平方公尺以下,且該區劃分隔部分能二方向避難者,得使用具半小時以上防火時效之防火門窗等防火設備。

十五、其他經中央主管機關指定之場所。

第五節　泡沫滅火設備

第 69 條　泡沫滅火設備之放射方式,依實際狀況需要,就下列各款擇一設置:

一、固定式:視防護對象之形狀、構造、數量及性質配置泡沫放出口,其設置數量、位置及放射量,應能有效滅火。

二、移動式:水帶接頭至防護對象任一點之水平距離在 15 公尺以下。

第六節　二氧化碳滅火設備

第 82 條　二氧化碳滅火設備之放射方式依實際狀況需要就下列各款擇一裝置:

一、全區放射方式:用不燃材料建造之牆、柱、樓地板或天花板等區劃間隔,且開口部設有自動關閉裝置之區域,其噴頭設置數量、位置及放射量應視該部分容積及防護對象之性質作有效之滅火。但能有效補充開口部洩漏量者,得免設自動關閉裝置。

二、局部放射方式:視防護對象之形狀、構造、數量及性質,配置噴頭,其設置數量、位置及放射量,應能有效滅火。

三、移動放射方式:皮管接頭至防護對象任一部分之水平距離在 15 公尺以下。

第七節　乾粉滅火設備及簡易自動滅火設備

第 105 條　乾粉滅火設備配管及閥類,依下列規定設置:

一、配管部分：

（一）應為專用，其管徑依噴頭流量計算配置。

（二）使用符合 CNS6445 規定，並施予鍍鋅等防蝕處理或具同等以上強度及耐蝕性之鋼管。但蓄壓式中，壓力在每平方公分 25 公斤以上或 2.5MPa 以上，每平方公分 42 公斤以下或 4.2MPa 以下時，應使用符合 CNS4626 之無縫鋼管管號 Sch40 以上厚度並施予防蝕處理，或具有同等以上強度及耐蝕性之鋼管。

（三）採用銅管配管時，應使用符合 CNS5127 規定或具有同等以上強度及耐蝕性者，並能承受調整壓力或最高使用壓力的 1.5 倍以上之壓力。

（四）最低配管與最高配管間，落差在 50 公尺以下。

（五）配管採均分為原則，使噴頭同時放射時，放射壓力為均等。

（六）採取有效之防震措施。

二、閥類部分：

（一）使用符合 CNS 之規定且施予防蝕處理或具有同等以上強度、耐蝕性及耐熱性者。

（二）標示開閉位置及方向。

（三）放出閥及加壓用氣體容器閥之手動操作部分設於火災時易於接近且安全之處。

第二章　警報設備

第一節　火警自動警報設備

第 112 條　裝設火警自動警報設備之建築物，依下列規定劃定火警分區：

一、每一火警分區不得超過 1 樓層，並在樓地板面積 600 平方公尺以下。但上下二層樓地板面積之和在 500 平方公尺以下者，得二層共用一分區。

二、每一分區之任一邊長在 50 公尺以下。但裝設光電式分離型探測器時，其邊長得在 100 公尺以下。

三、如由主要出入口或直通樓梯出入口能直接觀察該樓層任一角落時，第 1 款規定之 600 平方公尺得增為 1,000 平方公尺。

四、樓梯、斜坡通道、昇降機之昇降路及管道間等場所，在水平距離 50 公尺範圍內，且其頂層相差在二層以下時，得為一火警分區。但應與建築物各層之走廊、通道及居室等場所分別設置火警分區。

五、樓梯或斜坡通道，垂直距離每 45 公尺以下為一火警分區。但其地下層部分應為另一火警分區。

第 116 條　下列處所得免設探測器：

一、探測器除火焰式外，裝置面高度超過 20 公尺者。

二、外氣流通無法有效探測火災之場所。

三、洗手間、廁所或浴室。

四、冷藏庫等設有能早期發現火災之溫度自動調整裝置者。

五、主要構造為防火構造，且開口設有具 1 小時以上防火時效防火門之金庫。

六、室內游泳池之水面或溜冰場之冰面上方。

七、不燃性石材或金屬等加工場，未儲存或未處理可燃性物品處。

八、其他經中央主管機關指定之場所。

第 126 條　火警受信總機之位置，依下列規定裝置：

一、裝置於值日室等經常有人之處所。但設有防災中心時，設於該中心。

二、裝置於日光不直接照射之位置。

三、避免傾斜裝置，其外殼應接地。

四、壁掛型總機操作開關距離樓地板面之高度，在 0.8 公尺（座式操作者，為 0.6 公尺）以上 1.5 公尺以下。

第二節　手動報警設備

第 129 條　每一火警分區，依下列規定設置火警發信機：

一、按鈕按下時，能即刻發出火警音響。

二、按鈕前有防止隨意撥弄之保護板。

三、附設緊急電話插座。

四、裝置於屋外之火警發信機，具防水之性能。

二樓層共用一火警分區者，火警發信機應分別設置。但樓梯或管道間之火警分區，得免設。

第四節　瓦斯漏氣火警自動警報設備

第 140 條　瓦斯漏氣火警自動警報設備依第 112 條之規定劃定警報分區。

前項瓦斯，指下列氣體燃料：

一、天然氣。

二、液化石油氣。

三、其他經中央主管機關指定者

第 145-1 條 119 火災通報裝置，依下列規定設置：

一、應具手動及自動啟動功能。

二、應設於值日室等經常有人之處所。但設有防災中心時，應設於該中心。

三、　設置遠端啟動裝置時，應設有可與設置 119 火災通報裝置場所通話之設備。

四、　手動啟動裝置之操作開關距離樓地板面之高度，在 0.8 公尺以上 1.5 公尺以下。

五、　裝置附近，應設置送、收話器，並與其他內線電話明確區分。

六、　應避免斜裝置，並採取有效防震措施。

第三章　避難逃生設備

第一節　標示設備

第 146 條　下列處所得免設出口標示燈、避難方向指示燈或避難指標：

一、　自居室任一點易於觀察識別其主要出入口，且與主要出入口之步行距離符合下列規定者。但位於地下建築物、地下層或無開口樓層者不適用之：

（一）　該步行距離在避難層為 20 公尺以下，在避難層以外之樓層為 10 公尺以下者，得免設出口標示燈。

（二）　該步行距離在避難層為 40 公尺以下，在避難層以外之樓層為 30 公尺以下者，得免設避難方向指示燈。

（三）　該步行距離在 30 公尺以下者，得免設避難指標。

第 155 條　出口標示燈及避難方向指示燈之緊急電源應使用蓄電池設備，其容量應能使其有效動作 20 分鐘以上。但設於下列場所之主要避難路徑者，該容量應在 60 分鐘以上，並得採蓄電池設備及緊急發電機併設方式：

一、　總樓地板面積在 5 萬平方公尺以上。

二、　高層建築物，其總樓地板面積在 3 萬平方公尺以上。

三、　地下建築物，其總樓地板面積在 1,000 平方公尺以上。

前項之主要避難路徑，指符合下列規定者：

一、　通往戶外之出入口；設有排煙室者，為該室之出入口。

二、　通往直通樓梯之出入口；設有排煙室者，為該室之出入口。

三、　通往第 1 款出入口之走廊或通道。

四、　直通樓梯。

第 161 條　避難器具，依下列規定裝設：

一、　設在避難時易於接近處。

二、　與安全梯等避難逃生設施保持適當距離。

三、　供避難器具使用之開口部，具有安全之構造。

四、　避難器具平時裝設於開口部或必要時能迅即裝設於該開口部。

五、設置避難器具（滑杆、避難繩索及避難橋除外）之開口部，上下層應交錯配置，不得在同一垂直線上。但在避難上無障礙者不在此限

第三節　緊急照明設備

第 175 條　緊急照明燈之構造，依下列規定設置：
一、白熾燈為雙重繞燈絲燈泡，其燈座為瓷製或與瓷質同等以上之耐熱絕緣材料製成者。
二、日光燈為瞬時起動型，其燈座為耐熱絕緣樹脂製成者。
三、水銀燈為高壓瞬時點燈型，其燈座為瓷製或與瓷質同等以上之耐熱絕緣材料製成者。
四、其他光源具有與前三款同等耐熱絕緣性及瞬時點燈之特性，經中央主管機關核准者。
五、放電燈之安定器，裝設於耐熱性外箱。

第 177 條　緊急照明設備應連接緊急電源。
前項緊急電源應使用蓄電池設備，其容量應能使其持續動作 30 分鐘以上。但採蓄電池設備與緊急發電機併設方式時，其容量應能使其持續動作分別為 10 分鐘及 30 分鐘以上

第五節　無線電通信輔助設備及防災監控系統綜合操作裝置

第 192-1 條　防災監控系統綜合操作裝置應設置於防災中心、中央管理室或值日室等經常有人之處所，並監控或操作下列消防安全設備：
一、火警自動警報設備之受信總機。
二、瓦斯漏氣火警自動警報設備之受信總機。
三、緊急廣播設備之擴大機及操作裝置。
四、連結送水管之加壓送水裝置及與其送水口處之通話連絡。
五、緊急發電機。
六、常開式防火門之偵煙型探測器。
七、室內消防栓、自動撒水、泡沫及水霧等滅火設備加壓送水裝置。
八、乾粉、惰性氣體及鹵化烴等滅火設備。
九、排煙設備。

防災監控系統綜合操作裝置之緊急電源準用第 38 條規定，且其供電容量應供其有效動作 2 小時以上

貳、殘障廁所消防安全設備設置標準

建築物無障礙設施設計規範依據內政部 109.5.11 內授營建管字第 1090805039 號函修正部分規定

一、為何需要無障礙環境？

人權(Human Right)：人人生而平等，為保障身心障礙者之受教權、工作權、接受公共 服務權、及日常生活便利性。保障大家公平、充分參與社 會活動之機會，活得有尊嚴。

二、建築物無障礙設施定義

係指固定於建築物之建築構件，可使建築物或空間為行動不便者可自行到達、進出並使用，無障礙設施包括室外引導通路、坡道及扶手、避難層出入口、室內出入口、室內通路走廊、樓梯、昇降設施、廁所盥洗室、浴室、輪椅觀眾席、停車位、旅館之無障礙客房。

三、《建築技術規則》規定

第十章　無障礙建築物

167 條、167-1~167-7 說明新建築物適用之範圍，應設置之無障礙設施項目及數量、位置。167 條設置之範圍。167-1 無障礙通路、167-2 無障礙樓梯、167-3 無障礙廁所、167-4 無障礙浴室、167-5 無障礙座椅席位、167-6 無障礙停車位、167-7 無障礙客房。

四、對餐旅業而言

所謂無障礙設施設計重點包含

1. 無障礙通路。
2. 避難層坡道。
3. 扶手。
4. 樓梯。
5. 昇降機。
6. 停車空間。

7.　廁所。

8.　輪椅觀眾席位。

9.　無障礙標誌。

10.無障礙客房。

五、無障礙通路

　　室外通路、室內走廊、出入口及門、坡道、昇降機及輪椅升降台。

　　例如：高低差在 0.5~3 公分者，應作 1/2 之斜角處理，高低差在 0.5 公分以下者得不受限制；高低差大於 3 公分者，應設置符合本規範之「坡道」、「昇降機」或「輪椅升降台」。

　　例如：通路的寬度受一般輪椅尺寸影響，所以通路須要淨寬：90 公分、入口淨寬：80 公分、迴轉直徑：150 公分。

　　例如：滅火器放置處應該將滅火器放置於角落，雖可避免撞及，惟因走道邊緣不平整（有柱子 突出），影響視障者行進，並非良好作法；最好是預先於牆壁設凹洞以放置滅火器，為最佳做法。

　　其餘可參考「建築物無障礙設施設計規範」（內政部 109.5.11 內授營建管字第 1090805039 號函修正部分規定）

1. 依照法規，餐廳廚房的照度應至少為多少？

2. 倉庫棧板為何距離地面至少須有 5 公分以上？

3. 餐廳之地板、牆及天花板材質，選購時除考慮經濟問題外，尚須考慮哪些事項？

4. 試定義「耐燃材料」。

5. 試定義「防燄材料」。

6. 砧板材質使用硬橡皮及塑膠製品，其優點有哪些？

7. 餐飲設備安置於動線上須注意之事項？

8. 廚房設置空調系統，有哪些功用？

MEMO

CHAPTER

餐飲從業人員的
安全與衛生管理

FOREWORD
前　言

　　由於今日的餐飲業蓬勃發展，其與人們的關係越來越密切，尤其是從事餐飲工作者，其專業的素養提供予消費者美味可口的餐點，除此之外，餐點的衛生及用餐環境的安全更是為消費者日漸訴求的主題，有鑑於此，餐旅管理者對於其所屬員工的安全及衛生要求也越來越嚴格，除了積極訂立安全與衛生規範外，更須於日常的員工訓練中，要求員工身體力行，並將此安全衛生規範養成為生活習慣，本章節即針對目前業界須對員工實施之安全與衛生訓練加以詳敘；另外有關職場壓力等問題，目前也是員工安全與衛生考量之重要話題，本章將於最後一節加以討論。

第一節　員工安全訓練

　　實施員工安全訓練的主要目的，不只是對顧客安全的維護，更是幫助員工於工作時段內使自己免於傷害的預防方法，次要目的在於避免餐廳財產與物料不必要的流失；其訓練的主要內容包含意外災害的預防及急救、防火教育訓練及餐廳保全系統的使用，除最後一項將於第七章有詳細敘述外，茲將前二類分敘如下：

6.1.1　意外災害的預防及急救

　　防止意外災害的發生，是每個員工的責任，依餐廳工作場所分內外場敘述如下：

1. 內場安全訓練事項

　(1) 任何機具設備須依指示，確實並專心操作。

　(2) 已開封未用完之食材，須包裝封起以避免外物進入污染食材。

　(3) 移動熱的器皿，必須用隔熱手套或取物夾。

　(4) 隨時視察瓦斯管線及電話管線，避免瓦斯外洩或電線走火。

　(5) 較重物件可置於物架之下層，以人力搬運時，須量力而為。

　(6) 禁止於各區域吸菸、嬉戲、奔跑。

2. 外場安全訓練事項

(1) 任何機具設備須依指示操作。

(2) 隨時檢查並報告損壞之桌椅及器材。

(3) 隨時保持地面乾燥與清潔，玻璃等碎物須立即清除。

(4) 收空盤時，不宜將餐盤堆疊過高。

(5) 隨時視察電路管線以免電線短路。

(6) 搬運重物須量力而為。

(7) 禁止於工作場所內吸菸、嬉戲、奔跑。

一旦意外災害發生，此時急救方法依下列各情況而有所不同：

1. 食物中毒的急救

一般食物中毒的症狀為流口水、嘔吐、噁心，嚴重者甚至有腹痛及腹瀉、高燒、頭痛、全身虛弱、出冷汗，處理方式如下：

(1) 當發現吃下東西有問題時，可給患者飲用大量溫開水，並催吐。

(2) 有症狀發生時，則將剩餘之食品、容器或嘔吐物保存，以便診斷鑑別。

(3) 禁食。

(4) 供給足夠水分或生理食鹽水。

(5) 保暖，預防休克。

(6) 若中毒者昏迷，但仍能正常呼吸，則採復甦姿勢。

(7) 盡速送醫院治療。

2. 觸電的急救

目前對觸電患者的急救，除迅速用非導電物體將患者身上之觸電物移開外，就是施予心肺復甦術(C.P.R.)，因此時患者大多呈現「猝死狀」，（意指未意料到的呼吸、心跳之突然停止），若於猝死開始 4~6 分鐘內，仍有希望將患者從死亡邊緣挽回，其施行方法如下：

(1) 先「叫」確認意識，再「叫」求救，打 119 請求援助，如果有 AED，設法取得 AED，進行去顫，聽從 119 執勤人員指示，如用手機打 119 求援，求援後開啟擴音模式。接著確認確認呼吸狀況，沒有呼吸或幾乎沒有呼吸，開始實施 C-A-B

(2)「C」（胸部按壓 Compressions）：在胸部兩乳頭連線中央（胸骨下半段）位置用力壓 5~6 公分，每分鐘 100~120 次，操作時確保每次按壓後完全回彈，儘量避免中斷，中斷時間不超過 10 秒。

(3)「A」（呼吸道 Airway）：壓額提下巴。

(4)「B」（呼吸 Breaths）：吹 2 口氣，每口氣 1 秒鐘，可見胸部起伏。

※ 以上按壓及吹氣比率：成人 30:2；兒童或嬰兒 15:2。

※ 重複 30:2 之胸部按壓與人工呼吸，直到患者開始有動作或有正常呼吸或救護人員到達為止。

※ 原則上儘快取得 AED（自動體外心臟電擊去顫器 Automated External Defibrillator）並使用。

3. 氣體中毒的急救

所謂氣體指的是瓦斯一氧化碳中毒，此時應實施步驟如下：

(1) 打開門窗，立刻將中毒者移至空氣流通處。

(2) 維持呼吸道暢通，必要時給予人工呼吸。

(3) 保暖。

(4) 讓中毒者靜臥，以減少氧的消耗。

(5) 鬆解頸、胸、腰部緊束衣服。

(6) 儘速送醫治療。

4. 創傷的急救

所謂創傷係指身體任何部位如皮膚、黏膜、器官等，由猛烈的外力所致，發生了破裂現象，並伴有出血的情況，包含挫傷、扭傷、拉傷、脫臼、內傷、閉鎖骨折、切割傷、擦傷、撕裂傷、刺傷及穿通傷；其急救方法如下：

(1) 安慰傷者，使保持安靜，創傷較重者將其雙腳抬高，以預防休克。

(2) 檢查傷勢，並將傷處安全暴露，可剪開或撕開傷者的衣服。

(3) 抬高受傷的部位，並及時止血。

(4) 傷處可用冷開水或自來水沖洗乾淨，以無菌敷料或清潔布類蓋住傷口，包紮固定。

(5) 對於骨折傷者需用夾板固定患肢。

(6) 如傷口內有突出折骨或異物，應先用無菌敷料蓋住傷口，並以較大棉圈置於傷口四周，使包紮時不致壓迫異物或骨折，並便於止血。

(7) 若有斷肢應立即找到，保存在低溫及無菌的生理食鹽水中，與傷者一起送至有顯微手術的醫院，爭取時間做縫合手術。

(8) 傷口上的凝血塊，不可揭除或洗掉，只須用敷料包好即可，以免再度出血。

(9) 勿以手或其他未經消毒的物品接觸傷口或敷料與傷口之接觸面。

(10) 隨時觀察傷者的面色、呼吸、脈搏，並記錄下來向醫師報告。

(11) 盡快將傷者送醫治療。

6.1.2 防火教育訓練

　　依據內政部消防署於中華民國 106 年 1 月編訂「防火管理人講習訓練教材」之「初訓－消防常識與火災預防」提到燃燒與火災之相關：「燃燒是一種過程，火可能會以各種不同的型態出現，但是所有的燃燒都與可 燃物與空氣中氧的化學反應有關」。

　　眾所周知物質燃燒過程的發生和發展，必須具備以下四個必要條件。

（一）可燃物：只要能與空氣中的氧或其他氧化劑起燃燒化學反應的物質稱為可燃物。

（二）助燃劑：能幫助可燃物燃燒的物質。

（三）熱源（引火源）：指供給可燃物與氧或助燃劑發生燃燒反應能量來源。

（四）連鎖反應：有焰燃燒都存在連鎖反應。當某種可燃物受熱，它不僅會汽化，而且該可燃物的分子會發生熱烈解作用從而產生自由基。

　　而餐飲從業人員接受消防教育訓練，其目的不只是維護顧客的權益，更是緊急逃生自救的保障，然而「凡事首重預防」，每位員工都必須對火災之源起有所認識：

1. 瓦斯管線及電源線須勤於檢查。

2. 廚房鍋爐上之通風管須勤清理及保養。

3. 安全門不得鎖閉，便於疏散及使用消防栓。

4. 菸蒂勿傾倒於紙箱內，以防餘燼導火。

5. 對於酒醉顧客的行動提高警覺，並隨時注意具報主管。

由上所述，於餐旅業中，起火原因至少可歸納為三類，茲就其種類及撲滅方法分述如下：

第一類火：為普通可燃材料之火，其燃料如竹、木、紙、布料等，使用冷卻法，即用水灌救即可。

第二類火：為燃燒液體所成之火災，其燃料如汽油、酒精、脂肪、油漆等起火，使用窒息法，即使用砂土或泡沫滅火器撲救，浸濕的被毯亦可。

第三類火：為電器材料燃燒之火，其主因為電線、電器或馬達等起火，此時最先須用避電剪將電源切斷，再用泡沫滅火器施救。

除此之外，救火時應把握的基本要領有以下七項：

1. 火災發生時，應先判別起火原因，並隔絕火源，迅速搶救。

2. 牢記「有火無煙，有煙無火」之原則，切勿惶恐。

3. 注意火勢起源緩急，決定使用滅火器之種類。

4. 當室內煙增多時，勿先開窗，以免空氣流入，助長燃燒。

5. 使用滅火彈應向牆壁投擲，且須關閉門窗，隔絕空氣。

6. 現場人員，如遇濃煙，可用布巾浸水撲鼻，以免嗆到。

7. 火勢撲滅後，注意保留現場，以利查明起火原因。

第二節　員工衛生訓練

員工衛生訓練的目的是使從業人員具有正確的衛生知識，其訓練的主要內容係針對餐廳內外場衛生管理及個人衛生習慣著手，茲分述如下：

6.2.1　餐廳內場衛生注意事項

廚房任何區域，包括貯藏室、垃圾收集場，務必時常保持清潔；通風設備亦然；另盡量少用木頭類之物品，若使用則務必保持乾爽清潔，如有裂縫者，立即更換；存放食物器皿之材質，盡量使用不鏽鋼製品；冷凍冷藏之溫度，必須做到

一定之標準，且凡已腐敗之食品，得立即去除；廚房內，應於每月做一次以上的消毒，且所有清潔用的刷洗工具，均應保持乾淨清潔。

6.2.2 餐廳外場衛生注意事項

用餐區須隨時保持清潔整齊；各類客人所使用之餐具務必清潔；上菜前須檢視菜餚衛生與否，盛菜器皿乾淨與否，熱菜以熱盤服務，冷菜以冷盤服務；客人使用完畢之餐具及殘渣，應立即收拾送進廚房洗滌區；外場之服務桌或工作台，不得留置任何食品，以防細菌感染；若發現有昆蟲或其他有害動物出現，應立即做徹底撲滅。

6.2.3 個人衛生習慣訓練

餐飲業為達成讓員工有正確的衛生習慣，除定期舉辦衛生講習外，更舉辦衛生競賽，頒發各式鼓勵品（金）來提醒員工們確實做到正確的衛生處理食材及服務的方式，然追根究底，若員工本身的個人衛生習慣良好，則於員工衛生的訓練上，將事半功倍。

第三節　建立安全與衛生規範及標準—員工手冊

為保持餐廳安全與衛生標準，餐廳管理部門有責任對其管轄之人或物，作定期與不定期的檢查；目前許多餐飲業均於其管理手冊詳載各部門應負責之安全及衛生檢查項目，而於各員工手冊中，亦列明各個工作環節所應特別注意之安全及衛生標準程序，其目的均是希望藉由規範及標準來約束員工行為及提供給員工一個正確的工作程序及方法；大抵而言，所有的安全與衛生規範，不外乎是依據以下 20 項檢查方面重點，再因應各餐廳之不同需求及規模大小，而於員工手冊之安全與衛生規範內容有所增減：

6.3.1 個人安全與衛生

1. 任何食物處理者是否有感染性的燒傷、割傷或燙傷之傷口？

2. 任何食物處理者是否有急性的呼吸系統疾病？

3. 任何食物處理者是否有感染性或具傳染性之病原，且足以藉由食物將此病原傳染？

4. 食物處理者是否有清潔之工作服？

5. 食物處理者是否有特殊之體味？

6. 食物處理者的雙手是否乾淨？

7. 食物處理者的頭髮是否以工作帽完整包住？

8. 食物處理者是否習慣性觸碰其眼、耳、鼻、臉等部位？

9. 食物處理者於食物製備區或顧客用餐區抽菸或吃東西？

10. 食物處理者的指甲是否短且乾淨？

11. 是否正式員工應接受其工作範圍內必要的衛生常識及知識？

12. 所有的員工對其所操縱的機具應有一定程度的了解，並依操作程序使用機具。

6.3.2 食物處理過程的安全與衛生

1. 易腐敗的食物是否處於其應有的適當溫度？

2. 水果或蔬菜是否於供應或製備之前完全清洗乾淨？

3. 是否有良好的設備足以解凍冷凍食物，或加熱已製備過的食物？

4. 生熟食物砧板處理是否先清洗再使用或分不同砧板處理？

5. 是否直接用手去取拿供顧客直接食用之食物，如麵包、奶油、冰塊等？

6. 服務生的手部是否不清潔，而於餐桌擺置時污染器皿及餐具？

7. 服務生清潔桌的抹布是否不乾淨，而於傳遞食物或顧客用餐時污染？

8. 是否當傳遞食物或於顧客正在用餐時，有人在作清潔工作，如掃地、拖地…等？

6.3.3 食物及其他器具驗收時的安全與衛生

1. 食物是否迅速檢查收藏以防腐敗或害蟲肆虐？

2. 易腐敗食物是否迅速移至冷藏庫？

3. 易腐敗的食物是否以一般貨運裝載運送？

4. 非食物的供應商是否免於害蟲的肆虐？

5. 空的運輸貨櫃或紙箱（木櫃）及包裝充填物是否運至適當的垃圾貯存區？

6. 驗收區域是否乾淨？（指無任何物體堆積或碎片散於地面）

7. 驗收區地板是否清潔？

8. 驗收之包裹，其保持期限是否依據「先進先出」原則？

9. 冷凍食品是否均有政府合格檢驗標誌？

6.3.4　乾貨貯存之安全與衛生

1. 是否所有食物均貯存於離地面至少 6 英吋高的架子、櫥櫃或平台上？

2. 地板是否乾淨且無任何散落食物？

3. 貯物櫃（架）的底部高度，是否足夠一般清潔以避免灰塵及髒物之堆積？

4. 是否貯物架距離牆壁太近以至害蟲於夾縫中活動滋生？

5. 空的紙箱或木櫃是否移至垃圾處理區？

6. 罐頭食物是否以從紙箱移至貯物架上以增大可用的空間？

7. 食物貯存否乾淨且無鏽或腐蝕？

8. 食物的供應是否依「先進先出」原則？

9. 貯存區是否乾燥且沒有濕氣？

10. 是否食材與非食材分開貯存？

11. 是否所有有毒性的物質，包含殺蟲劑，均被明顯標明？

12. 是否有殺蟲劑均被完整的作記號且貯存於櫃內？

13. 是否有害蟲或嚙齒類動物的痕跡？

14. 是否有殺蟲劑或殺鼠劑之濫用或污染之痕跡？

15. 封裝食物（如糖或麵粉），若開封後，是否貯存於密封罐或密封包裝？

16. 須經常使用之物品是否置於層櫃的較下層或靠進入口？

17. 較重的食物是否貯存於置物架的下層？

6.3.5　冷藏庫之安全與衛生

1. 冷藏庫內是否為正確的溫度？

2. 在 45 ℉及以下的冷藏庫中，是否能保持可能腐敗的食物？

3. 是否冷藏庫乾淨且無任何黴菌及特殊氣味？

4. 是否用來冷卻食物的冰塊，又為人類食用？

5. 已烹飪過的食物，如絞肉類、湯汁或濃汁，是否用大的食器盛裝貯存於冷藏庫？

6. 所有貯存食物是否加蓋以防氣味感染？

7. 貯存架上，各個食物間是否有留空間，以利空氣循環？

8. 是否依冷藏庫的指示，正確的清洗及保養？

9. 是否所有的貯存架高於地板，以利清洗？

10. 是否所有的貯物架均無任何果皮、殘葉、包裝紙屑及碎片？

11. 是否將有強烈及特殊氣味之食物單獨貯存？

12. 是否將魚類食品與其他食物分開貯存？

6.3.6　冷凍庫之安全與衛生

1. 是否冷凍庫內的溫度維持在華氏零度及以下？

2. 是否每個冷凍庫或櫃內的溫度均合於標準？

3. 是否冷凍庫經常開啟？

4. 冷凍庫的存放是否依照「先進先出」原則？

5. 食物的貯存位置是否有利空氣循環？

6. 冷凍庫內壁及線圈是否須除霜？

7. 所有的食物是否均封口或完全包裝？

8. 走入式的冷凍庫，其冷凍門是否有由內向外開啟的裝置？

9. 是否依冷凍庫的指示，正確清洗及保養？

6.3.7 蔬果製備區之安全與衛生

1. 此區是否乾淨且無濕氣及特殊氣味？

2. 此區是否無任何空的包裝箱及碎片？

3. 清洗蔬菜的水槽是否作為清洗餐具的水槽？

4. 清洗蔬菜的水槽是否作為清洗抹布或施肥？

5. 削皮刀及切片刀是否置於水槽中？

6. 所有的削皮刀、切片刀、切塊機，於非使用時是否乾淨？

7. 所有的削皮刀、切片刀、切塊機，於每次使用於不同食物之間，是否有清洗？

6.3.8 肉類切割區之安全與衛生

1. 此區是否乾淨且無特殊氣味？

2. 此區是否屯積包裝紙袋及碎片？

3. 肉類切割中或結束後，有些碎肉骨塊，是否包裝妥當，並迅速移至垃圾處理區？

4. 所有切割皮（砧板）是否有裂縫或小洞？

5. 所有的砧板、製備臺、絞肉機、切片機、鋸骨機及其他有關肉類切割之機具，於非使用時，是否乾淨？

6. 如果是冷凍肉類、禽類及魚類，於切割時可否用溫水來解凍？

6.3.9 燒烤區之安全與衛生

1. 此區是否乾淨及乾燥，且無任何空紙箱及碎片？

2. 是否有不易腐敗食材（如麵粉）散落地板？

3. 所有的燒烤機具於非使用時是否乾淨？

4. 所有的攪拌盆、鍋及其他燒烤相關之器皿，是否有妥善貯存區域，以防止害蟲及髒物污染？

5. 燒烤區的溫度是否會影響燒烤食材的成形及鮮度？

6. 是否有殺蟲劑或清潔器具存放於燒烤區？

6.3.10　食物製備及保存區之安全與衛生

1. 冷食類是否貯存於附有溫度計之冷藏櫃，且維持在 45 ℉ 及以下的溫度？

2. 提供熱食貯存的設備，是否能維持溫度在 140 ℉ 及以上？

3. 油鍋內的計溫器是否具有準確度？

4. 是否有害蟲或囓齒類動物出現於廚房或服務動線及設備的痕跡？

5. 是否有無用之物品堆棄於大件機具之後或死角或散落在地面？

6. 是否於烹飪用的水槽內清洗拖把？

7. 油炸油泡沫多且面積超過油炸鍋二分之一以上？

8. 正常溫度油炸時產生很多煙？

9. 油炸油色深且有黏漬？

10. 有油耗味？（類似魚腥味）

11. 油炸食物感覺很油膩？（因為油炸久，傳熱效果差，須要更多時間，才能將食物炸熱，故吸油也多）

12. 是否有清潔用具及殺蟲劑置於食物製備區或服務區？

13. 所有的製備器皿及用具，在處理不同食物之間，是否每次均予清洗？

6.3.11　顧客用餐區之安全與衛生

1. 所有用來擦拭顧客桌面的抹布，是否於擦拭前已清洗乾淨？

2. 顧客用的餐具及銀器，是否貯存及取用合宜？

3. 是否所有免洗餐具均於用完後立即丟棄？

4. 所有顧客用的餐具是否經過完全清洗、消毒殺菌過程，且貯存於適宜的貯物櫃內？

5. 在用餐區內包含地板、桌、椅，是否乾淨及乾燥？

6. 用餐區的光線是否足夠來清理各部位？

7. 是否在食物暴露於空氣中或顧客用餐時，進行地板清潔的工作？

8. 是否在食物暴露於空氣中或顧客用餐時，進行殺蟲劑噴灑的工作？

9. 是否有任何食用過的餐具堆疊於顧客用餐桌上或附近？

10. 是否有任何提供顧客使用的餐具有缺角、裂縫、破損或銀器上有指印？

11. 是否有食物殘渣、湯漬、酒漬於地板或地毯上？

12. 各個獨立的用餐區，是否均備有緊急照明設備及消防設備？

6.3.12　餐具清洗及貯存區之安全與衛生

1. 清洗及消毒的溫度是否合於機具要求的標準？

2. 對於餐具消毒的溫度，是否維持在 170 ℉以上？

3. 所有的餐具在清洗前，是否已將殘留食物先行去除？

4. 做清洗消毒或去除殘留食物的員工，是否於貯存、擺置、餐具前有先洗手的習慣？

5. 清洗機具是否於每日使用完畢後做徹底之清洗？

6. 經過清洗的餐具是否存放於地板上，或乾淨、乾燥的區域內？

7. 清洗機具是否有依其指示，進行清潔及保養工作？

6.3.13　員工設備之安全與衛生

1. 是否有關員工一切之休閒、娛樂、學習、訓練設備與設施都乾淨且無異味？

2. 是否提供給員工完善的洗手設備，如肥皂、毛巾、面紙、或烘手機？

3. 是否有完善之消毒設備？

4. 對於廢棄物，是否有適當的貯存區安置？

5. 這些垃圾貯存區是否經常清理掉？

6. 廚師的圍裙、領巾、工作衣帽等，是否提供貯物櫃安放？

7. 貯物櫃是否能提供給所有員工放置其工作服？

8. 是否於員工櫃中經常有未食用完且未封裝之食品？

9. 是否有害蟲或囓齒類動物出現的痕跡？

6.3.14　垃圾貯存區之安全與衛生

1. 此區是否經常保持乾淨、乾燥且無任何異味及任何散落的垃圾？

2. 此區是否經常有空的紙箱、木櫃，因容易招至囓齒類動物、害蟲之滋生？

3. 是否所有的垃圾排列整齊且無散落？

4. 是否易腐敗之食物直接散落在地面？

5. 殺蟲劑空罐處理是否和一般清潔劑空罐一同處理？

6. 是否有囓齒類動物、害蟲出沒的痕跡？

7. 所有已用過之免洗餐具，是否與其他廢棄物分別處理？

8. 此區的垃圾桶是否經常保持乾淨？

9. 是否所有垃圾貯存區在重新傾入垃圾前，均先清洗乾淨？

10. 是否所有清洗設備靠近或安置於此區？

11. 此區之建築架構及材質，是否屬於易清洗不易被髒物附著？

6.3.15　機具房之安全與衛生

1. 所有機房，如壓縮機房、氣房等，是否保持乾淨並且無任何食物類的垃圾？

2. 垃圾桶內是否經常保持乾淨，且無任何菸蒂出現？

3. 是否經常有員工聚集於此聊天或休息？

4. 是否有囓齒類動物、害蟲出現的痕跡？

5. 是否有適當的排氣系統？

6. 是否有裝置火警警鈴系統？

6.3.16 出入口及戶外區域之安全與衛生

1. 是否所有出入口均時常保持無垃圾及堆積物？

2. 是否所有的門，能完全阻止害蟲及囓齒類動物入內？

3. 對於建築物整體而言，是否有任何老鼠洞的痕跡？

4. 是否有任何小水窪，足以滋生病菌？

5. 停車場區域是否有垃圾等廢棄物散落或堆積？

6. 是否有鳥類、蟻類或蜂類等於室外屋橡築巢？

6.3.17 運送食材貨車之安全與衛生

1. 此貨車是否經常保持乾淨，無任何泥土及污物？

2. 所有食材於運送時，是否均置於容器內？

3. 運送時，對食材本身而言，其溫度過高或低，是否會造成影響？

4. 食材運送時，其包裝是否正確？

5. 每送一次貨，當貨物全卸下時，是否有清洗車內？

6. 是否有任何害蟲出現的痕跡？

6.3.18 洗手間之安全與衛生

1. 所有洗手間是否保持乾淨、乾燥、明亮、通風的狀況？

2. 廁所門是否堅固且具自動關閉裝置？

3. 是否有任何害蟲出現的痕跡？

4. 洗手台是否有冷熱水供應？

5. 垃圾桶是否均有加蓋，並隨時清理？

6. 是否有完善的洗手消毒設施，如肥皂、面紙、烘手機？

7. 若亦用為吸菸區，是否有加裝火警煙霧自動灑水系統？

6.3.19　候位區之安全與衛生

1. 此區是否乾淨，光線是否充足？

2. 此區是否無任何雜亂物堆積？

3. 此區之椅凳等家具，是否無任何灰塵堆積？

4. 所有掛在牆上之海報或印刷品，是否乾淨及完整？

6.3.20　服務人員個人行為或習慣影響顧客用餐之安全與衛生

1. 是否服務人員的制服經常保持乾淨？

2. 是否服務人員的頭髮、手、指甲、臉部等經常保持乾淨？

3. 是否服務人員身體有特殊異味，或所擦之香味、古龍水過多過濃？

4. 是否服務人員於服務時，有咳嗽、流鼻水，甚至摸鼻、眼、臉等部位的情況出現？

5. 是否服務人員持杯之頂端服務客人？

6. 是否服務人員於工作時吸菸？

7. 是否服務人員於端盤時，手指碰觸了食物？

第四節　餐旅業員工職業壓力

　　職業壓力本來就存在於各種工作場所的一種職業安全衛生潛在威脅。曾有多份國外研究報告指出，職業壓力的發生與該種職業工作環境、工作場所軟、硬體條件以及工作者個人主觀判斷等皆有著密切的關係。本章雖探討從業人員安全與衛生管理，但是基於預防任何職業生理或心理疾病，並促進勞工安全與衛生管理，遂於本節探討並介紹職業壓力的起因、危害、症狀及減輕壓力的方法、技巧，甚至如何求得進一步的專業協助等。

6.4.1　職業壓力的起因

通常當工作本身要求超過個體所能應付，個體就會產生壓力。在工作職務要求下，若個體在其身處工作負荷、工作挑戰、主管或同儕要求、工作軟、硬體環境和各種工作場所、安全衛生條件等情境時，個體若無法適應，將漸漸感到衝突、不愉快甚至身心負擔等生理或心理變化，而產生職業壓力。

於餐旅業場所中，會導致從業人員產生職業壓力的可能來源，大體可分為組織內及組織外職業壓力源二大類（見表 6.1）。

6.4.2　職業壓力的危害

很多研究指出，不論何人，只要處在高壓力下，不論做任何事或從事任何活動，均較處在低壓力下的人更容易發生事故傷害。另外，職業壓力所造成的影響會因為不同的工作與組織環境，以及各個從業人員的人格特質而形成不同的職業壓力症狀，例如心臟病、心理不健康、工作不滿意、甚至過度飲酒、吸菸、吃檳榔等等。由上表可知，職業壓力會作用於餐旅業從業人員及飯店組織層面，而導致個人症狀及組織症狀的產生。當職業壓力源作用於個體時，嚴重的職業壓力會引起餐旅從業人員的不良適應反應，包括失眠、緊張、不安、焦慮、生理或心理過敏、憂鬱、不滿情緒與低自尊等現象，使得餐旅從業者的身心功能產生脫序現象。除此之外、職業壓力也可能引發的餐旅業組織症狀則包含高缺勤率、高離職率、高職災率及低品質成果或罷工。行政院勞工委員會勞工安全衛生研究所則針對職業壓力問題，於民國 103 年 1 月 8 日發行《職業壓力預防手冊》(https://www.ilosh.gov.tw/90734/90811/136449/90819/92380/)提出相關論述，以下內容即擷取部分與餐旅業相關之敘述、再參考現今餐旅業實際狀況所編寫。

🍲 表 6.1　餐旅業組織內職業壓力源

餐旅業組織內職業壓力源					
餐旅業職場環境		餐旅業工作條件			
組織與管理	人際關係	工作環境	餐旅業工作		
1. 餐旅業組織氣氛因大多時間均為第一戰線，面對客人戰戰兢兢，但仍須以親切笑容面對顧客。 2. 餐旅業組織架構大多由現場領班指揮調度員工同心協力完成各項工作。 3. 餐旅業低層員工的薪資普遍低於一般其他行業薪資。	餐旅業的員工人際關係不只是對其上級、下級、同儕員工，甚至包含面對人來人往的顧客。	餐旅業的工作環境可謂內外場大不相同；內場員工面對的物理環境會產生其壓力，包含： 1. 鼓風爐、抽風機等噪音。 2. 通風不足。 3. 採光不足。 4. 溫度過高或低（如製作巧克力裝飾須於低溫下工作）。 5. 微波爐等機具之輻射。 6. 窄小的空間等（如為增加營業場所面積，而減少內場面積等）。	內容	角色	時間、地點變動
			1. 工作負荷量大。 2. 工作步調快。 3. 講求時效性（如餐飲業外場現場翻桌率、房務整理須於客人退房後立即清理更換、以備下一位客人入住）。 4. 工作安全警覺性高（如內場切割工作、外場服務工作等）。	是老闆的員工、要幫老闆增加收益；是顧客的朋友、要替顧客著想、以最精簡花費、得到最佳服務及享受；主管是員工的大哥或大姊、要隨時對員工關心、並激發其最佳戰鬥力、以為飯店賺取最大利潤。	餐旅業的工作時間大多是一天 24 小時，均有人輪班；早班的工作多半是準備客人早餐，約 4 點半至 12 點半；中班工作約自 10 點或 11 點至晚上 7 點或 8 點；晚班則自下午 3 點或 4 點至午夜 12 點或清晨 1 點；各飯店時間或有些變動。

　　什麼是職業壓力？大體上，「職業壓力」是指因為職業環境上所具有的一些特性，對從業人員造成脅迫，而改變從業者生理或心理正常狀態，並可能影響工作者表現或健康的情形。

　　為什麼會有職業壓力？通常當工作本身要求超過當事人所能應付，就會產生壓力。在職務要求下，從業者在身處工作負荷、工作挑戰、上級要求、作業環境和各種職業安全衛生條件等情境時，將感到衝突、不愉快或身心負擔等變化，而產生職業壓力。

　　哪些會造成職業壓力？任何與工作有關的因素，而會使從業人員產生不良適應反應，像是工作表現不良、人際 關係欠佳、甚至失眠、腸胃系統毛病等徵候者，皆可能是職業壓力的來源。

6.4.3　職業壓力的症狀

　　職業壓力對餐旅組織層面所可能導致的組織壓力症狀：

1. 員工曠職、出勤不正常。

2. 離職率高、員工流動率大。

3. 易生職業倦怠。

4. 易發生作業上意外事故、如刀傷、燙傷、跌傷等。

5. 服務品質降低、來客數減少。

　　餐旅業員工職業壓力反應症狀包括情緒、身體、行為三層面。

　　情緒層面的壓力反應與症狀：

1. 焦慮、緊張、混亂與激怒。

2. 挫折與憤怒。

3. 情緒過敏與活動過度。

4. 降低有效人際溝通。

5. 退縮與憂鬱。

6. 情緒的壓抑、冷漠。

7. 與人隔離與疏遠。

8. 工作厭煩及不滿意。

9. 心智疲勞及降低智力功能。

10. 注意力不集中。

11. 失去自發性及創造力。

12. 喪失自尊。

身體層面的壓力反應與症狀：主要有皮膚、腸胃、呼吸、心臟血管、免疫等系統的異常，諸如：

1. 心跳加速和血壓增高。

2. 腎上腺素與正腎上腺素分泌增加。

3. 胃腸失調，如潰瘍。

4. 身體受傷。

5. 身體疲乏。

6. 冒汗。

7. 心臟血管或呼吸系統的毛病。

8. 頭痛。

9. 失眠。

10. 肌肉緊張。

行為層面的壓力反應與症狀：

1. 生活習慣改變。

2. 逃避工作。

3. 降低工作績效與生產力。

4. 直接破壞工作。

5. 為了逃避，飲食過量，導致肥胖。

6. 增加看病的次數。

7. 增加酒精與藥物的使用與濫用，如過度飲酒。

8. 食慾減退，體重減輕。

9. 從事危險行為、行為與工作危險性提升。

10. 引起攻擊性行為。

11. 與同事、家人的關係不良。

12. 企圖自殺。

6.4.4　職業壓力的減壓方法

　　減輕職業壓力，需就組織環境改善及餐旅從業人員個人之壓力應對兩層面著手，前者可能需涵蓋工程改善、企業管理、組織心理、職業安全衛生等專業人士進行組織整革。而個人層面的壓力應對促進應包括個人技巧能力、時間管理、思考方式、態度觀念，以至於情緒管理等多層面的分析與學習改進，倘若需要如此完整的專業模式，必需尋求心理治療師的協助。通常在個人力有未逮，且於複雜的大組織層面影響的情況下，壓力應對能力的促進其實是個人在面對職業場所壓力時，最能迅速有效著力之處。

　　在所有減緩壓力的方式中，運動是最好的壓力鬆弛劑之一，而靜坐、瑜珈、充足的休息與睡眠、肌肉鬆弛法等等也皆能使受職業壓力壓迫的身心獲得緩解。

6.4.5　職業壓力的專業協助

　　若是經過個人減壓方法協調後，仍無法減緩壓力，此時就必須求助專業協助減壓；目前在臺灣各醫學中心及教學醫院的精神科與心理科、精神科專科醫院的精神科門診或臨床心理部門，以及合格醫院之附設精神科、心理衛生科，皆可得到有關壓力診治的專業諮詢與處理。

<h1 align="center">法・規 ⚖ 彙・編</h1>

依據《餐飲從業人員衛生操作指引手冊》（發布日期：2022-10-24）為使餐飲從業人員，能迅速汲取餐飲衛生之知識及遵守規範，進而落實良好的餐飲衛生管理。本《餐飲從業人員衛生操作指引手冊》爰依據中華民國 89 年公告的《食品良好衛生規範》進行增修。手冊部分圖文內容引述行政院衛生署民國 90 年出版《廚師良好作業規範圖解手冊》並更新部分的章節內容；也是特別為國內的餐飲從事人員，在衛生管理上提供良好明確的準則，以確保大眾餐飲之衛生、安全及品質。故節錄為以下六個面向說明：

壹、餐飲從業人員的工作前準備

1. 餐飲從業人員於到任前，應先取得醫療院所的體格合格證明。

    體檢項目應包括：
    (1) 手部皮膚病。
    (2) 出疹、膿瘡。
    (3) 結核病。
    (4) 性病。
    (5) 傷寒。
    (6) A 型肝炎。

2. 上工前，請先穿著整齊白色之工作衣帽。
    重點：(1) 工作衣帽之更換，應於工作場所的更衣室換著。
    　　　(2) 工作帽應能掩蓋頭部前緣之頭髮。
    　　　(3) 避免穿著短褲、拖鞋、涼鞋。

＊ 工作衣帽只可於工作場所穿著，不可穿著滿街跑，或上洗手間。

3. 從業人員不可穿戴手錶、手鐲、戒指、涼鞋及蓄留指甲、塗抹指甲油、化粧品。

4. 應泡妥百萬分之二百濃度之漂白水備用。

＊ 氯水、漂白水、次氯酸鈉溶液等名詞均適用

＊ 百萬分之二百濃度之漂白水泡法：
    (1) 先備妥 5 公升的自來水。
    (2) 取如下比例的漂白水。

數量	100c.c.	50c.c.	33.5c.c.	25c.c.	20c.c.	16.6c.c.	14.3c.c.	12.5c.c.	11.1c.c.	10c.c.
濃度	1%	2%	3%	4%	5%	6%	7%	8%	9%	10%

＊ 加入 5 公升的自來水中，攪拌均勻。

(3) 完成

祕訣：濃度× c.c.數＝100

有效殺菌，係指下列任一之殺菌方式：

1. 煮沸殺菌法：以溫渡攝氏 100 度之沸水，煮沸時間 5 分鐘以上（毛巾、抹布等）或 1 分鐘以上（餐具）。

2. 蒸汽殺菌法：以溫渡攝氏 100 度之蒸汽，加熱時間 10 分鐘以上（毛巾、抹布等）或 2 分鐘以上（餐具）。

3. 熱水殺菌法：以溫度攝氏 80 度以上之熱水，加熱時間 2 分鐘以上（餐具）。

4. 氯液殺菌法：氯液之有效餘氯量不得低於百萬分之二百，浸入溶液中時間 2 分鐘以上（餐具）。

5. 乾熱殺菌法：以溫度攝氏 110 ℃以上之乾熱，加熱時間 3 分鐘以上（餐具）。

6. 其他經中央衛生主管機關認可之有效殺菌方法。

貳、工作中人員的個人衛生

1. 工作中不可有吸菸、嚼檳榔、飲食等可能污染食品行為。

2. 工作中不可有蓄意長時間聊天、唱歌等可能會污染食品的行為。

3. 每進行下一個不同動作前，應將手部徹底洗淨。

4. 洗手設備應備有流動自來水、清潔劑、烘手器或擦手紙巾並備有鏡子及刷子供刷洗手指甲用。

5. 工作時間內，如有訪客，應於會客室辦理，不可逕自邀訪客進入廚房。

6. 應盡量避免於工作時間進貨，以減少廚房的污染。

參、營業場所的衛生問題

1. 在營業場所內不可聞到廚房炒菜的味道，如若聞到則表示廚房的狀態有如下可能：
   ＊ 油煙量大於油煙機排出最大量。
   ＊ 油煙機缺乏清洗保養以致功能不彰。
   ＊ 廚房有過多的廢熱及廢氣，而使壓力過高。

2. 營業場所空氣壓力應經常保持正壓狀態，廚房則應保持負壓狀態。

　＊ 空氣流向為高壓流向低壓，亦即正壓流向負壓。

　＊ 氣流從營業場所流向廚房其優點為：

(1) 可降低廚房的溫度。

(2) 可增加廚房空氣新鮮度。

(3) 彌補廚房因空氣抽出而形成的局部低壓狀態。

3. 營業場所儘可能不設置吸菸區，如有必需時，其設立原則為：

　＊ 中央空調系統者：設於迴風口附近。

　＊ 箱形及窗形空調系統者：不可設置。

　＊ 多層樓面者：設於頂樓迴風口處。

4. 應備消毒衛生紙巾、筷子供顧客使用，避免使用餐巾及木製筷子，限用時即行丟棄，不得重覆使用。（避免不必要的 A 型肝炎傳播）

　＊ 如使用餐巾者應將餐巾洗淨後，再以 100 ℃熱水煮沸 5 分鐘以上。

5. 凡有破損的碗盤，不可供顧客使用。

　＊ 原因：碗盤破損之處，最易藏污納垢且不易洗淨。

　＊ 服務人員手部不可觸及碗、盤、杯之內緣。

6. 廚房各區間應有顯著的隔離，不可共混一室。

　＊ 污染區：驗收、洗滌。

　＊ 準清潔區：製備、烹調。

　＊ 清潔區：包裝、配膳。

　＊ 一般作業區：辦公室、洗手間。

肆、洗滌、食物前處理

1. 於進行不同工作項目之前，應先洗手。

2. 應於蔬果處理區、肉品處理區、魚貝處理區處理不同類食品，避免交互污染。

3. 若只有一處理區，應分時段處理各類生鮮食品。

　＊ 先後順序：蔬果類→肉類→魚貝類。

　＊ 清洗各類食品後，應記得消毒及清洗水槽。

4. 應備有三槽式洗滌設備。

第一槽（洗滌槽）：43~49 ℃熱水+洗潔劑。

第二槽（沖洗槽）：25 ℃流動水沖洗，將清潔劑沖洗乾淨。

第三槽（消毒槽）：

(1) 80 ℃以上熱水浸泡 2 分鐘。

(2) 以百萬分之二百有效氯水浸泡 2 分鐘，或 110 ℃以上乾熱 30 分鐘；在家庭可以烘碗機代替之。

5. 濃度百萬分之二百的有效氯水可用於：

   * 洗手。

   * 餐具、用具、砧板、刀具、抹布、工作檯面之消毒。

   * 餐具、抹布應浸泡 2 分鐘以上；使用漂白水後均應以清水清洗。

6. 濃度百萬分之五十至一百的有效氯水，可用於清洗生菜沙拉。

7. 冷凍庫溫度保持-18 ℃以下、冷藏庫 7 ℃以下。

   * 冷凍庫應經常除霜，尤以冷凝器及安全把為重要，以維持冷凍庫及從業人員之安全。

8. 各庫房內之食品應包裝妥當且分類區隔放置，並以「先進先出」為使用原則。

   * 貯存重點：「冷藏者恆冷藏；冷凍者恆冷凍」。

伍、烹飪、調理加工衛生

1. 調理場所之照明應在 200 燭光以上，並有燈罩保護以避免污染。

2. 廚房與營業場所面積比

   * 商業午餐型：大於 1/10。

   * 一般餐廳：1/3~1/5。

   * 觀光飯店：1/3。

   * 學校餐廳：1/2~1/5。

3. 食物調理檯面，應以不鏽鋼板鋪設。

   * 不鏽鋼板內的襯木應完全以不鏽鋼板覆蓋，以免襯木腐朽。

   * 麵食製作檯面，可應實際需要以大理石鋪設，但宜避免用酸性物質。

4. 食品、食品容器及器具不可放置於地上，以避免污染。（待洗亦不可放置於地上）

5. 廚房應設有空氣補足系統(Air Make-upSystem)其優點為：

   * 彌補廚房因空氣抽出而造成的不足。

   * 隔熱。

   * 降溫。

6. 烹調過程中，應採用高熱效率的爐具，以減少廚房因廢熱太高，而使病原菌得以有大量滋生的機會。

* 現中餐廳大多以鼓風爐作業，其優點為大火快炒速度快，但幾近 70%的廢熱卻是廚房衛生相當嚴重的問題。

7. 凡大量膳食業應儘量採用瓦斯迴轉鍋及蒸、烤二用箱，以減少廚房的油煙及廢熱。

* 現業者大多以傳統式方法油炸，不但易產生大量油煙、廢熱，也易導致因油劣變而產生健康上的問題。蒸、烤二用箱或使用 AOM 值 30 小時以上較安定的精製油，即可解決以上的困擾。

8. 宴客供應顧客食用之冷盤菜餚，應儘量供應經酸化處理或脫水之食品，以保障飲食安全。

9. 炒菜過程中，應避免過度翻鍋。翻鍋過度可能造成廚房失火及廚房油膩不潔之現象。

10. 豬肉及雞肉應以全熟供應，避免外熟內生現象。
    原因：
    * 避免沙門氏菌污染。
    * 服務人員不可以有徵詢顧客「請問您的豬排、雞排要幾分熟」等語句。
    * 豬肉類一些家畜肉務必全熟，不可半熟供之。
    * 牛排之烹調，中心溫度至少要達到 80 ℃以上，以避免中毒。
    * 生鮮海產務必煮熟後再行食用，以避免食物中毒。

11. 生熟食應分開處理且使用過後的刀及砧板必需立即洗淨、消毒。
    砧板：
    * 至少需要二塊供生、熟食用（另再備妥三塊，以利蔬果、魚貝、肉等分開使用）。

12. 凡置於熟食上、下，做為裝飾用的生鮮食品，應先經有效洗滌及減菌措施後，做為擺飾用。
    方法：川燙、殺菁、醋酸液清洗、百萬分之五十～一百之氯液清洗。

13. 烹飪妥之食物應儘速供食用。如需冷藏者應先將食物分置數個不同的小容器內，並儘速移至冷藏室內貯存。如此，食物內外溫度才會一致，不會造成外冷內熱的假象，細菌才不致有滋生的機會。

14. 冷藏溫度在 7 ℃以下，冷凍溫度應在-18 ℃以下，熱藏溫度應在 60 ℃以上，且食物應加蓋或包裝妥以便分類貯存。
    理由：細菌最易滋生的溫度為 16~49 ℃。

15. 廚房地板除污染區外，應隨時保持乾燥清潔。

地板溼、滑的缺點：

1. 人員易滑倒、受傷。

2. 工作效率低。

3. 人員增多，污染機會增多。

4. 人事成本增多。

5. 病原細菌易滋生。

陸、配膳、包裝

1. 配膳及包裝區屬清潔作業區，其從業人員進出應嚴格管制。

   ＊ 應設置洗手檯供員工隨時洗手。

   ＊ 應保持正壓，以維持空氣的清潔度。

   ＊ 進出門應採單向管制。

2. 自助餐之配膳檯應有防塵，防飛沫污染食物。

   ＊ 避免從業人員及消費者之飛沫污染食物。

課 後 討 論 ————————————————— EXERCISE

1. 試述餐廳內場工作人員，為防意外災害之發生，於其安全訓練應注意之事項。

2. 試述一般食物中毒的步驟。

3. 簡述 C.P.R.。

4. 當廚房工作人員瓦斯中毒，此時急救步驟為何？

5. 對於員工衛生習慣訓練，一般採用哪些激勵方法？

6. 「第三類起火」須如何來滅火？

7. 試簡述顧客用餐區之安全與衛生注意事項。

8. 試簡述職業壓力的起因。

9. 說明職業壓力下，有可能發生的行為層面的症狀。

CHAPTER

餐廳與廚房的安全管理

FOREWORD 前　言

　　本章節著重於餐廳與廚房對於其財物及物料上之安全管理，意即如何建立一完整系統，以保障經營者的權益，然餐飲業者的主要生產資源即為其人力，而經營即是希望有顧客上門，故其員工與顧客之於工作或用餐場所的安全，亦間接影響業者之財源收入，本章節即針對人事管理、保全系統、顧客及員工安全分別敘述其重要性及注意事項。

第一節　人事管理上的安全企劃

　　一個有效的安全企劃起源於員工的雇用；目前為止，並沒有任何一種測試可以幫人事部門做有效的遴選誠實的員工，然而多次的考試、面試或心理測驗，至少能幫助業界淘汰掉一些根本無法或無能力從事的員工。

7.1.1　面談時應詢問方向

　　就業情報雜誌曾將面試者面試時十大必考題列出，也就是說已經教導求職者該如何去回答問題並隱藏自己的缺點；此十大必考題如下：

Q1　：對本公司的了解如何？

Q2　：請談談你在工作上的成功與失敗經驗。

Q3　：選擇這份工作的動機。

Q4　：你認為業界情形如何？

Q5　：將來想嘗試不同領域的工作嗎？

Q6　：你的轉職次數不少，有何特別原因嗎？

Q7　：你的優點是什麼？

Q8　：休假時多從事什麼活動？

Q9　：你希望的待遇為何？

Q10　：何時可以上班？

所謂知己知彼百戰百勝，餐旅業的主管與應徵者一對一的面談，是餐旅業人事單位於安全企劃上把守的第一關，面談時，除了參考上述問題外，更應該詳閱應徵者本身已填寫於應徵表格上的資料，於直接面談中需特別把握住以下幾個方向：

1. 過去曾於本公司工作過的應徵者，毋庸置疑，因其對整體工作環境熟悉，一般而言，應予錄用，然若是於之前的離職有非法或不良之記錄，則須予以考慮是否錄用。

2. 為什麼離開前一個工作崗位，是因為尋求較高薪資而換工作，或是另有他因。

3. 基本上，應給予犯過罪且改過自新的人，有重新開始的機會，而當應徵者承認其曾有犯罪記錄時，是否應錄用，於業界仍是一大考驗。

4. 應徵者於金融機構的信用記錄，是否有貸款、買賣股票等有價證券。

5. 是否有吸菸、飲酒等習慣。

6. 應徵者的推薦函或與其推薦者及過去雇主交談。

7. 應徵者對其過去工作之描述，及對應徵工作之認識。

7.1.2 員工訓練於安全企劃上之重要性

如果想要有效的完成安全企劃，則員工訓練占非常重要的一環。例如，若有新的機器使用於工作現場，則必須將此機器之功用、使用方法、操作程序等，完全教授予工作上與其有關之員工；又如，整體工作流程有所改變時，則須對所有員工再施予一次在職的工作訓練。

所以員工訓練是不分新進或舊有員工，不分階層或職別；基本上餐旅業的員工訓練可分以下數種：

1. **工作外訓練(Off job training)**：集合全體員工，至一定的訓練場所，共同學習特定的主題。可分成下列三個部分：

   (1) 階層別訓練

   　　主要以提升及強化全體員工，不分階層的人力素質加強訓練為目的；分成新進人員教育訓練及主管人員訓練，前者為讓新進員工對該餐旅業的企業文化、經營理念、規章制度等，具備基本的概念，以適應環境；後者

以提供各級領班、主管人員，具備職務上之管理知能及服務技能，建立有效率之經營管理模式及團隊經營共識。

(2) 職能別訓練

各單位主管（如中廚、西廚、點心房、房務部、餐務部等）為加強各單位內人員，因業務發展需要的專業知識或技能訓練，如各項職業證照輔導或參加各式技能競賽以發揚該單位名聲等。

(3) 主題別訓練

如餐旅業或實際現場所面臨的問題及可預期的問題之訓練，如：管理知能訓練或消防事務演練訓練、C.P.R.訓練、全面品管活動訓練、勞工安全衛生訓練等。

2.工作中訓練(On job training)

餐旅業不分前、後場各單位主管，在於分配部屬工作時給予技術及知識指導，透過工作對職務所須具備的知識、技能、態度，進行有計畫性、目的性、組織性、持續性地訓練，如：個別指導、工作教導、工作輪調、代理人制度等。

3. 自我發展(Self development)

餐旅業以開辦課程補助措施或獎勵制度等方式，來支援、促進、並提高員工的意願，使從業人員能在具有自我成長的意願下，自動自發努力地學習，如至其他餐旅業觀摩、參加由社團或財團法人舉辦之各項自我成長及生涯規劃班、甚至參加各項餐旅相關研討會及進修學分班、碩士班甚至博士班等。

7.1.3　員工辨識重要性

為了安全及服務上的理由，員工須極易為顧客所辨認出來；員工辨識系統可以幫助管理者掌控員工的活動，尤其是越大的餐飲部門，其依賴員工辨識系統的機會就越多，名牌上的號碼、顏色、部門、姓名之標識、制服上之格式、色彩等不同，將可輕易的讓管理者了解員工的活動範圍，也讓顧客於呼喚或求救時有確切的對象。另外於員工出入口，設置刷卡辨識系統，也是員工辨識控制中，相當重要的一個環節。

7.1.4　機具操作上的安全系統裝置

目前已有許多業者將重要（指有經濟上、安全上的顧慮）的設備機器，安置操作前或操作時之密碼控制，以避免一旦不小心碰觸或操作錯誤，而帶來不必要的經濟損失或災害。

7.1.5　餐旅業應用人因工程簡介

餐旅業如眾所周知，不論內外場均須走動或是需要身體較大活動性的作業就採取站姿作業。站姿作業可使內場廚務人員的身體有較高的活動性，此時手部的姿勢可因應不同的機能工作姿勢需求而變化，且因上肢的重量較小，造成的負擔也較小。以餐具清洗作業為例，工作內容是以雙手抬舉餐具並將之放置於水槽中，左右手的主要工作分別是握住餐具，而另一手則從事刮磨、沖手和清洗，完了以後雙手再將餐具抬出水槽。餐具的體積與重量均視狀況大小不一。而我國勞工安全衛生研究所，依據多年研究人因工程的經驗及智慧，編纂各式場所勞工機能工作圖示及說明，以提供業界設計工作場所的參考。「機能工作姿勢」的原理就是設計良好的工作臺面，使員工採行「自然」及「省力」的工作姿勢，降低肌肉骨骼的負荷，讓工作變得輕鬆。下列所述，自是參考該研究所網站所提供之與餐旅服務業相關之內容。

設計要點

1. 實際內場作業時，廚務員手臂自然下垂的握拳高度，必須與餐具底部同高（約90 公分），以免除工作中俯身彎腰的姿勢。

2. 當右手伸直，向前屈曲 30 度時，握拳高度為 74 公分，這是水槽底部的高度。如此一來，清洗鍋具的任何部位都會介於軀幹的高度。

第二節　保全系統的建立

1978 年臺灣地區誕生第一家保全公司，主要業務為保全及電子保全，大多數的保全業者，均搭配頂尖的科技及專業的管理，為不同產業的客戶規劃專屬的電子保全方案。其服務項目包含全年無休、365 天 24 小時全程監控及警報派遣服務，

並在各個地區配置督察及機動巡邏車親自到點巡邏，主動嚇阻宵小，當客戶發生緊急事故時，能即時到達現場支援。目前為止已經超過 500 家保全公司，保全服務資本額排行榜前 10 名如下：

（排名－公司名稱－資本額）

#1－臺灣新光保全股份有限公司－3,874,896,050 元

#2－立保保全股份有限公司－1,039,834,580 元

#3－誼光保全股份有限公司－361,746,000 元

#4－國興保全股份有限公司－350,025,450 元

#5－強固保全股份有限公司－300,000,000 元

#6－國雲保全股份有限公司－277,055,100 元

#7－信實保全股份有限公司－225,000,000 元

#8－華辰保全股份有限公司－212,636,000 元

#9－龍邦保全股份有限公司－200,000,000 元

#10－衛豐保全股份有限公司－190,000,000 元

而餐旅業者與顧客交易時，現金為主要交易貨幣，故餐旅業者對其保全系統的建立，是無可厚非的，是想減少或避免其於經營上之金錢及財物上的損失；而此系統之建立於業者之助益，我們可將之區分為以下三項：

7.2.1　防止內賊發生的可能性

當員工知悉各工作區域內均有電眼監視，則至少降低其為金錢或物資上之誘惑，不論其工作區域是在吧檯、廚房、倉庫、收銀台、外場的任一死角，甚至盥洗室，有了電眼裝置，對員工而言，是有警惕的效果。

7.2.2　防止外賊入內竊財（材）之可能性

於營業時間，電眼等保全系統的建立，可預防顧客及外來者，竊取餐具、金錢等物；而於非營業時，更可與保全人員、保全公司或警方做直接連線，以降低外賊入竊之意願及減少金錢財物的損失。

7.2.3 降低意外災害的損失

火警或其他機具之預警裝置，不僅減少財物損失，更可保護員工及顧客生命。

第三節 顧客及員工安全的保護

餐飲業的經營，不只是提供員工一個就業機會及供顧客用餐，更是給予員工一個安全工作場所及顧客安心用餐的環境；一個良好的餐廳管理者，須時時注意各項安全措施之正常運作，以給員工及顧客確切的保障，在此，我們將各項對員工或顧客安全措施之要點分述如下：

7.3.1 保護員工安全之要點

1. 驗收區

(1) 地板是否處於安全狀況？（地板是否有破裂或上防滑層？）

(2) 員工是否被教以正確的處理食材、物料的方法？

(3) 垃圾桶是否每天用熱水清洗？

(4) 垃圾桶是否均時常加蓋？

(5) 垃圾桶是否有破裂？

(6) 驗收區是否經常有包裝盒或箱等雜物之堆積？

(7) 是否有適當的推車，足以拖運過多、過重之垃圾？

(8) 是否有適當的工具足以拆卸任何包裝箱或木櫃？

2. 貯藏區

(1) 是否所有貯藏架均能負荷所承受之物重？

(2) 是否所有員工被教導將重物置物架下方，輕物品置物架較上方？

(3) 是否有安全梯架，以拿取物架上較高之物品？

(4) 任何紙箱或易燃物，是否距離燈泡（管）至少 2 尺以上？

(5) 燈泡的照度是否足夠？

(6) 是否有滅火器材？

3. 爐灶區

(1) 是否所有走道、地板處安全狀態？（有突起或不平，或許會導致跌倒。）

(2) 是否所有員工均使用正確的清洗劑量及方法？

(3) 是否有防熱石棉手套或防侵蝕之橡皮手套？

(4) 是否有烘乾機器或晾乾的場地以避免員工將清洗過的鍋具甩掉水分於地板上？

4. 走入式的冷凍冷藏庫區

(1) 地板是否保持良好狀態，且加防滑層？（是否至少每週拖地 1 次？）

(2) 地板是否無任何裂縫或不平？

(3) 貯藏架是否於安全堅固狀態？

(4) 吹風扇是否正確運轉？

(5) 室內是否有防鎖裝置，以防員工被關在冷凍冷藏庫內？

(6) 是否有警鈴系統？

(7) 是否有適當的走道空間預留？

(8) 是否重物置於物架下端，而輕物品置物架上端？

(9) 是否所有物架空間均可避免或預防員工於其間竊取或偷食食材或物料？

(10) 是否冷媒劑為無毒性？（須與冷凍藏庫維修人員或公司確認）

5. 食物製備區

(1) 是否電器設備均安置妥當？

(2) 是否所有電器設備均有定期維修保養？

(3) 是否所有電器設備均有一緊急總開關，以防不時之需？

(4) 是否所有電器開關均置於不受潮的位置？

(5) 是否地板有經常性的清洗及保養？

(6) 是否員工均被教導迅速且隨時將掉地污物處理乾淨？

(7) 是否所有員工均正確操作機具？

(8) 是否員工均被嚴禁使用非其職責之機具？

(9) 是否機具均被正常運作？

6. **顧客用餐區**

   (1) 地板是否無裂縫且塗上防滑層？

   (2) 所有牆上掛畫或掛飾是否懸掛安全穩固？

   (3) 所有的窗簾、布幔是否懸掛安全穩固？

   (4) 地板是否經常清理且隨時保持乾淨清潔？

   (5) 所有的桌椅，是否無任何突起、破裂，且堅固？

   (6) 自動販賣機是否固定，且正常運作？

   (7) 各個樓層或區域的垃圾桶是否常保持清潔？

   (8) 尤其是自助式的餐廳，是否有顧客將餐具、托盤或其他非免洗餐具丟入垃圾桶？

   (9) 所有食物餐車或餐具運送車是否保持良好的功能？

7. **垃圾貯存區**

   (1) 地板是否無任何積水或污染？

   (2) 地板是否經常處於良好的功能及外觀？

   (3) 是否進入此區開啟容易？

   (4) 是否開啟開關不會有任何學習困難？

   (5) 是否開啟開關正常運作？

   (6) 是否員工均能正確使用消毒劑量，以避免引起皮膚類的疾病？

   (7) 對於打破的玻璃或瓷器，是否有固定的處理程序？

8. **不可忽略事項**

   (1) 照明是否適當於各區？

   (2) 門－包含各出口、緊急通道、逃生門等是否時時保持通順？

   (3) 樓梯是否過度傾斜，每一階梯寬度是否過窄，材質是否止滑，是否經常保持乾淨且無雜物堆積？

   (4) 樓梯的扶手是否堅固？

   (5) 通風設備是否於各區良好運作？

   (6) 是否所有員工均穿著工作鞋，以免跌倒或因長期站姿而影響身體健康？

   (7) 是否員工衣服無任何脫線或掉落以避免於使用攪拌等機器時，不小心捲入機器造成意外？

   (8) 是否所有滅火器材均於有效期限內？

7.3.2 保護顧客安全之要點

1. 停車場及室外走道是否有定期清理保養，並有充足之照明？
2. 所有通往出口的記號，是否維持完整並有充足之照明？
3. 地板及階梯是否有防滑處理及設施？
4. 所有的欄杆是否處於良好狀態？
5. 入口處的地毯是否保持乾淨及良好狀態？
6. 戶外盆栽及樹木是否影響人及車的通行？
7. 電梯是否有定期保養？
8. 緊急出口是否有物品堆積？且不上鎖（於營業時）？
9. 如果地板設地毯，則是否有任何脫線情況？
10. 任何電器，若其電源線外皮剝落，是否仍再使用？
11. 所有燈飾、天花板掛飾、牆上掛飾、是否完全固定？
12. 所有家具是否均於良好狀態？
13. 顧客衣帽架是否穩固？
14. 火警鈴、緊急照明燈及滅火器材，是否處於正常運作狀態？
15. 顧客席位之間距是否足夠？
16. 是否所有員工均有正確且熟練之服務技術？

法·規 ⚖ 彙·編

壹、餐飲業污染防制相關法規

空氣污染防制法（民國 107 年 08 月 01 日修正公告）

第 32 條第 1 款第 5 項在各級防制區或總量管制區內，不得有下列行為：餐飲業從事烹飪，致散布油煙或異味污染物。

環保署公告空氣污染行為定義（民國 108 年 03 月 25 日修正環署空字第 1080019517 號公告）

依據：《空氣污染防制法》第 32 條第 1 項第 6 款。

公告事項：公私場所有下列各項行為者，為空氣污染行為：「從事烹飪將烹飪廢氣逕行排放至溝渠中，致產生油煙或異味污染物。」

空氣污染行為管制執行準則（民國 108 年 07 月 25 日修正）

主管機關執行本法第 31 條第 1 項第 5 款之行為管制時，除確認污染源有散佈油煙或產生惡臭之行為外，並應確認其符合下列情形之一：

一、未裝置油煙或異味污染物收集及處理設備。

二、雖裝置收集及處理設備，但油煙或異味污染物未被完全有效收集及處理。

餐飲業油煙空氣污染物管制規範及排放標準（草案）

第 4 條　餐飲業作業場所空氣污染物產生區應設置集排氣系統，其性能與要求應符合下列規定：

（一）集氣設施之廢氣捕集速度應大於 1.0m/sec（含）。

（二）集氣設施之水平投影面積須超出烹飪作業區周邊 20 ㎝以上。

（三）集氣設施應設置瀝油槽、導油孔及集油容器。

（四）風管中之排氣速度應大於 7.5m/sec（含 7.5）。

（五）廢氣排放口不得接至下水道或溝渠中。

（六）集氣設施每週至少清洗積油一次，並做清洗記錄。

（七）風管每半年至少清洗油垢或更換一次，並做清洗或更換記錄。

廢氣排氣量可使用簡易式流量計量測；或以風速計測得知風速乘上測點之管線截面積之積表示各項記錄應至少保存二年備查。

第 5 條　餐飲業作業場所產生之空氣污染物應設置油煙污染防制設施，並應符合下列規定：

（一）設置能固定且易於拆換清洗之擋板或濾材過濾器。

（二）應設置靜電集塵機或排放削減率大於 90%（含）之油煙污染防制設施。

（三）設置靜電集塵機作為油煙污染防制設施，應設置導油孔、集油容器及符合設備電壓設計參數至少 9,000 伏特。

（四）除設置靜電集塵機外，設置排放削減率大於 90%（含）之油煙污染防制設施，應備有排放削減率證明文件。

（五）擋板或濾材過濾器每週至少清洗或更換一次，並做擋板清洗或濾材更換記錄。

（六）設置靜電集塵機，若油煙收集板非自動清理者，每週至少清洗一次並做油煙收集板清洗記錄。

（七）靜電集塵機或油煙污染防制設施應依原設備廠商設備使用手冊規定進行操作及維護。各項記錄應至少保存二年備查。

建築技術規則：建築設備篇

第 36 條　餐廳、旅館之廚房、工廠、機關、學校、俱樂部等類似場所之附設餐廳之水盆及容器落水，應裝設油脂截留器

水污染防治法

第 7 條　事業、污水下水道系統或建築物污水處理設施，排放廢（污）水於地面水體者，應符合放流水標準。

第 30 條　在水污染管制區內，不得有下列行為：在水體或其沿岸規定距離內棄置垃圾、水肥、污泥、酸鹼廢液、建築廢料或其他污染物。

貳、勞工安全教育相關法規

職業安全衛生法（民國 108 年 05 月 15 日修正）

第 1 條 　為防止職業災害，保障工作者安全及健康，特制定本法；其他法律有特別規定者，從其規定。

第 2 條 　本法用詞，定義如下：
一、 工作者：指勞工、自營作業者及其他受工作場所負責人指揮或監督從事勞動之人員。
二、 勞工：指受僱從事工作獲致工資者。
三、 雇主：指事業主或事業之經營負責人。
四、 事業單位：指本法適用範圍內僱用勞工從事工作之機構。
五、 職業災害：指因勞動場所之建築物、機械、設備、原料、材料、化學品、氣體、蒸氣、粉塵等或作業活動及其他職業上原因引起之工作者疾病、傷害、失能或死亡。

第 19 條 　1. 在高溫場所工作之勞工，雇主不得使其每日工作時間超過 6 小時；異常氣壓作業、高架作業、精密作業、重體力勞動或其他對於勞工具有特殊危害之作業，亦應規定減少勞工工作時間，並在工作時間中予以適當之休息。
　　　　2. 前項高溫度、異常氣壓、高架、精密、重體力勞動及對於勞工具有特殊危害等作業之減少工作時間與休息時間之標準，由中央主管機關會同有關機關定之。

職業安全衛生標示設置準則（民國 103 年 07 月 02 日修正）

第 3 條 　本準則所稱安全衛生標示（以下簡稱標示），其用途種類及告知事項如下：
一、 防止危害：
　（一）禁止標示：嚴格管制有發生危險之虞之行為，包括禁止煙火、禁止攀越、禁止通行等。
　（二）警告標示：警告既存之危險或有害狀況，包括高壓電、墜落、高熱、輻射等危險。
　（三）注意標示：提醒避免相對於人員行為而發生之危害，包括當心地面、注意頭頂等。
二、 一般說明或提示：
　（一）用途或處所之標示，包括反應塔、鍋爐房、安全門、伐木區、急救箱、急救站、救護車、診所、消防栓、機房等。

（二）操作或儀控之標示，包括有一定順序之機具操作方法、儀表控制盤之說明、安全管控方法等。

（三）說明性質之標示，包括工作場所各種行動方向、管制信號意義等。

職業安全衛生教育訓練規則（民國 110 年 07 月 07 日修正）

第 3 條　雇主對擔任職業安全衛生業務主管之勞工，應於事前使其接受職業安全衛生業務主管之安全衛生教育訓練。雇主或其代理人擔任職業安全衛生業務主管者，亦同。

前項教育訓練課程及時數，依附表一之規定。

第一項人員，具備下列資格之一者，得免接受第一項之安全衛生教育訓練：

一、具有職業安全管理師、職業衛生管理師、職業安全衛生管理員資格。

二、經職業安全管理師、職業衛生管理師、職業安全衛生管理員教育訓練合格領有結業證書。

三、接受職業安全管理師、職業衛生管理師、職業安全衛生管理員之教育訓練期滿，並經第 28 條第 3 項規定之測驗合格，領有職業安全衛生業務主管教育訓練結業證書。

1. 試述員工辨識系統的功用。

2. 試述員工訓練人事安全企劃上的影響。

3. 試述打卡鐘對安全管理上的優點。

4. 試述人因工程設計對餐旅從業人員的助益。

5. 試述驗收區之安全檢查要點。

6. 試述垃圾貯存區之安全檢查要點。

CHAPTER

08

HACCP

前 言

　　HACCP 是個制度，強調須先分析、了解食品製程中可能出現之「危害」，並於尋找「管制點」並加以控制。其本質就是藉由預防來確保食物之安全。本章節詳敘 HACCP 之基本概念、危害類科及預防方式，希望從業人員能落實此制度外，也須注意當情況改變時，此制度之管制點及可能出現的危害，也會跟著改變；另外也須了解當設施，甚至供應地點，或器皿改變時，或許也會產生新的「危害」，而此時 HACCP 部分標準或「管制」將會變成無效。

第一節　HACCP 管理制度基本概念

　　危害分析重要管制點(Hazard Analysis Critical Control Points，簡稱 HACCP)，早於 1960 年代由美國太空總署應用於確保太空人之飲食安全而開發出來之食品生產管理系統，主要研發單位包含美國太空總署(NASA)、美國陸軍技術研究所(NATICK)以及皮爾斯伯瑞食品公司(Pllsbury)；危害分析重要管制點(HACCP)主要涵蓋危害分析(Hazard Analysis，簡稱 HA)與重要管制點(Critical Control Points，簡稱 CCP) 二大部分。

1. 危害分析(HA)

　　食品生產之一貫製造過程，即從原料處理開始經由加工、製造、流通乃至最終產品提供給消費者為止，評估分析所有流程中各種危害發生之可能性及危險性。

2. 重要管制點(CCP)

　　於製造過程中之某一點、步驟或程序，若加以控制則能有效預防、去除或減低食品危害至最低可以接受之程度。

　　實施 HACCP，自主管理食品業者應有之認知如下：(1)徹底了解各種危害之發生可能性及嚴重性。(2)熟悉食品所有加工流程及對微生物之生長情況之影響。(3)能正確判定 CCP 之位置。(4)能夠建立有效監測 CCP 之具體的方法。(5)能夠合理解釋於加工過程所做預防措施。

換言之，HACCP 是安全之品質保證系統、強調事前監控勝於事後檢驗，但是非零缺點系統、主要為降低食品安全危害而設計，其實施乃架構於 GHP（GHP 各項標準作業程序書：包括下列 9 項：衛生管理、製程及品質管制、倉儲管制、運輸管制、檢驗與量測管制、客訴管制、成品回收管制、文件管制及教育訓練）及 GMP 之基礎上，而 SOP 則需建立在 5S 之基礎上：5S 包含「整理(seiri)」，即要與不要東西分開，爭取空間、「整頓(seiton)」，即使用中之物品適當歸位並標示，目的爭取時間、「清掃(seiso)」，即經常清掃污垢及垃圾，以營造高效率之工作場所、「清潔(seikets)」，即將整理、整頓、清掃工作落實，以提高公司形象、「教養(shisuke)」，即不斷宣導、教育、考核與激勵措施，令員工養成 5S 習慣。HACCP 管理制度為一種於食品生產之所有過程先找出可能發生之危害，再以重要管制點有效防止或抑制危害之發生，以確保食品安全之自主衛生管理制度。

HACCP 制度與傳統衛生管理制度之比較如表 8.1：

🍲 表 8.1　HACCP 制度與傳統衛生管理制度之比較

HACCP 制度	傳統衛生管理制度
全部製程管理。	僅僅最終產品管理。
節省人力物力。	浪費人力及物力於最終產品檢驗。
能掌握問題點，並且可事前防制及釐清責任。	檢驗費時，俟查出結果時，消費者已攝食。
已經於各管制點防制，故無問題。	產品回收不易，無法明確找出污染原因。
無此問題。	事後再補救，為時晚矣。

第二節　HACCP 危害種類及預防

危害分析主要依據四種因素：第一種為「流行病學資料」，調查已知危害；第二種是「技術性資料及研究文獻」，推測可能危害；第三種為「取樣檢測實際產品在生產線上之危害」；最後是「必要時應確認第一種及第二種因素之推論並鑑定出潛在危害」。

而餐旅業危害分析之考慮因素一般而言可分下列各項：

1. 動物屠宰時或原料生產時，存在哪些潛在危害？

2. 什麼是引起生物性、物理性、化學性污染之最佳途徑？

3. 前項污染的可能性是什麼，其對應之防治方法又是什麼？

4. 食品中任一成分製程中，與已知的微生物危害關聯性如何？

5. 食物製備過程中是否會產生殘存或增殖的致病菌或毒物？

6. 食物製備過程中是否有殺菌之可控制步驟？

7. 致病菌在正常的貯存時間與狀態下是否會增殖？

8. 有哪些設備可以強化食品安全（如溫度自動記錄器、金屬探測溫度器過濾網等）？

9. 會影響病原菌增殖或產生毒素之盛裝或包裝有哪些？

10. 食品中毒是否與流行病學有關？

8.2.1 危害之種類：生物性、物理性、化學性

1. 生物性危害

寄生蟲、食品中毒病原菌、指標菌、腐敗菌或其他有害微生物等。

2. 物理性危害

異物、蟲體、毛髮、金屬、玻璃、木屑、細石、塑膠等。

3. 化學性危害

黃麴毒素、魚貝類毒、組織胺、多氯聯苯、重金屬、殘留農業、動物用藥、殺蟲殺菌劑、清潔消毒劑或其他化學物質。

8.2.2 危害之預防措施

餐旅業防止危害污染的主要方法包含 1.原料檢查、2.配方控制、3.加熱處理、4.冷藏或冷凍處理、5.清洗與消毒處理、6.交互污染之預防、7.操作人員之衛生管理、8.環境因子之控制等；再依照其種類分下列三種方法：

1. 生物性危害（以細菌為例）之預防措施

    (1) 溫度／時間管理。

    (2) 加熱、烹煮。

    (3) 冷藏、冷凍。

    (4) pH 調整。

    (5) 添加鹽類或防腐劑等。

    (6) 乾燥。

    (7) 真空包裝。

    (8) 來源管制。

    (9) 清潔消毒。

2. 化學性危害之預防措施

    (1) 來源管制。

    (2) 製程管制。

    (3) 標示管理。

3. 物理性危害之預防措施

    (1) 來源管制。

    (2) 製程管制。

    (3) 環境管理。

第三節　HACCP 之七大原則

8.3.1　HACCP 體系包括下列七大原則

1. 危害分析

    詳列製程中可能發生之危害，以及可使用之預防方法。

2. 判定重要管制點

重要管制點係指一個點、步驟或程序若施予控制與可預防、去除或減低食品危害至最低可接受程度。

3. 建立管制界限

係指為達重要管制點所必須符合之控制標準。

4. 執行管制點監測

監測係指有計畫之監控重要管制點是否符合管制界限，並做成控制記錄以為備查確認。

5. 建立矯正措施

監控過程中發現有不符管制界限時，應施行改正措施使重要管制點回復控制之下。

6. 建立記錄系統

建立 HACCP 系統實施情形之書面正確完整記錄並保存檔案。

7. HACCP 系統確認

建立確認步驟以證實 HACCP 管理系統之運作是否有效正確。

8.3.2　HACCP 制度之實施步驟

1. 成立 HACCP 小組
   (1) HACCP 小組成員資料列表
       a. 成員姓名。
       b. 成員有關 HACCP 職掌。
       c. 成員有關 HACCP 的專業訓練或經驗。
       d. 成員背景學歷。
       e. 外聘顧問名單及專長。

(2) HACCP 小組人數

三人－（一人－HACCP 訓練證明）。

(3) HACCP 小組

可由主管、檢驗員、生產人員、衛生管理員、外聘顧問組成。

(4) HACCP 小組主要工作

a. 收集相關資訊，並完成潛在危害分析。

b. 完成 HACCP 書面計畫。

c. 定期檢查修正 HACCP 計畫之合理性。

d. HACCP 計畫實施結果的確認與評估。

e. 與外部檢查結果相互比對。

2. 描述產品特性及貯運流通方法

(1) 產品名稱。

(2) 原配料成分。

(3) 產品特性（保存技術特性）。

(4) 包裝方式。

(5) 儲銷條件。

3. 確認產品之消費對象及使用方法、用途

(1) 產品之預定用法：成品或半成品。

(2) 消費對象與型態：西式、日式、學生、遊客。

4. 建立加工流程圖

(1) 製程步驟需清晰簡明且資料正確完整。

(2) 列出所有原料及配料成分。

(3) 列出所有步驟處理之溫度及時間關係。

5. 確認加工流程與現場一致性

根據前項加工流程圖進行現場核對與確認，並討論之，不符合之處應修正。

8.3.3 進行危害分析時所需考慮的步驟

1. **了解整體製備過程**
   (1) 組成分。
   (2) 加工製備過程。
   (3) 使用設備。
   (4) 肉品暴露之時間及溫度。
   (5) 原料、加工、運輸、販售中溫度及時間設定。
   (6) 製作加工流程圖。

2. **實際觀察製備加工流程**
   (1) 從開始至結束之整體製備加工過程。
   (2) 產品是否因設備或人員造成交叉污染。
   (3) 產品後段管理過程是否有潛在交叉污染之可能。
   (4) 視察過去污染事件之頻率,顯著性及發生原因。

3. **評估危害發生之可能性與嚴重性**
   (1) 評估危害發生之機率,及後續影響之嚴重性。
   (2) 依危害程度分級 高－中－低－忽略。
   (3) 生物性危害為多數人,物理性危害為個人。

4. **預防危害之措施**
   (1) 溫度及時間管理。
   (2) 加熱烹煮。
   (3) 冷藏及冷凍。
   (4) 調整 pH 值。
   (5) 添加鹽類或防腐劑。
   (6) 乾燥(AW=0.8)。
   (7) 真空包裝。
   (8) 來源管制。
   (9) 清潔消毒。

8.3.4 實施危害分析(HACCP)制度成功之因素

1. 具有 HACCP 之知識和背景(Good Knowledge)－須接受食品 HACCP 相關業別之實務訓練班。

2. 團隊精神(Team Work)－成立 HACCP 執行小組團隊，依計畫分工合作確實落實。

3. 周詳且可行之計畫(Good HACCP Plan)

4. 確實去執行它(Honest Montoring Enforcemen)

5. 決策者之支持(Money)

　　而成功的食品 HACCP 計畫書包括：

1. **第一部分〈整廠之 GHP 標準作業程序書〉**
   (1) 衛生管理。
   (2) 製程及品質管制。
   (3) 倉儲管制。
   (4) 運輸管制。
   (5) 檢驗與量測管制。
   (6) 客訴管制。
   (7) 成品回收管制。
   (8) 文件管制。
   (9) 教育訓練。

2. **第二部分〈產品 HACCP 計畫書〉**

   HACCP 計畫書建立之 12 步驟：
   (1) 成立 HACCP 計畫之執行小組。
   (2) 描述產品及其流通方式。
   (3) 確定產品之消費對象。
   (4) 建立製造流程圖。
   (5) 現場確認製造流程圖。
   (6) 進行危害分析。
   (7) 運用決定樹等方法判定是否為 CCP 或其類別。

(8) 建立每一 CCP 點之目標界限及管制界限。

(9) 建立每一 CCP 點之監視系統。

(10) 建立異常之矯正措施。

(11) 確認 CCP 系統。

(12) 建立適切之記錄及文書檔案。

8.3.5　HACCP 制度之優點為

（一）著重於危害的預防與管制。

（二）以有組織性的團隊，共同執行食品安全的管理工作。

（三）以科學資料為依據。

（四）以長期的記錄資料進行分析（經驗值），增加監督管理的有效性。

（五）在食品的生產過程中從農場、製造商、運輸者、經銷商至消費者，均共同擔負食品安全的責任。

（六）國際上一致認定之管理系統。HACCP 制度經過數十年之演變和推廣，至今已被食品界公認為確保食品安全最佳的管理方法。

　　依據中央畜產會網頁公告指出：危害分析重要管制點制度為有效之食品安全問題的管理系統，強調源頭管理模式，從農場至餐桌(from farm to table)所有食品之製造過程均依據 HACCP 制度執行的產品品質保證系統，來發揮「食品安全保證」之主要功能；HACCP 制度更依循科學理據及合乎邏輯的探討模式，從原料處理到產品製造、銷售等完整製程中，評估潛在的危害因素，鑑別顯著危害後再判定加工流程中的重要管制點，並加以有效監測以確保食品安全的管理制度。實施HACCP 制度的工廠，必須具備對其加工程序中可能發生之生物性、化學性或物理性危害，進行詳實之評估分析並研訂對策，才能確保最終產品之安全品質。

第四節　目前世界各國推行 HACCP 之概況

目前國際組織推動 HACCP 制度之近況是 1993 年 6 月歐聯(EU)公告水產品工廠必須採用 HACCP 品質管理基準之指令；WTO 有關食品方面均遵照聯合國食品標準委員會（FAQ/WHO Codex Alimentins Commission，略稱 Codex）規定，而 Codex 積極推動 HACCP 制度為食品管理之世界指導綱要；APEC 正式積極推以 HACCP 制度為基礎之食品相互認證工作，達成貿易自由化之目標。

8.4.1　美國推行 HACCP 之概況

1971 年美國國際食品保護委員會(National Conference of Food Protection)首先公布 HACCP 制度之概要。1973 年美國將 HACCP 制度應用於「低酸性罐頭食品之良好製造規範」。美國 FDA 於 1995.12 公告，實施水產品業別 HACCP。美國農業部(USDA)之食品安全及檢查服務局(FSIS)於 1996.7.5 公告，「降低病原菌與 HACCP 之規範」要求肉品實施 HACCP。1996 年 7 月美國農業部依總統宣布之「新食品安全檢驗規定」，自 1998 年 1 月起至 2000 年 1 月規模大小逐年全面實施 HACCP 制度。1997 年 12 月美國 FDA（美國食品藥品管理署）正式實施水產品之 HACCP 制度。於 2001.1.18 公告，實施果汁工廠符合 HACCP。由於美國藥管食品之主管機關不只一個，但是對下列基本要求卻最一致：1.HACCP 制度實施前，必須要配合制度。2.HACCP 之基本原則。3.對於業者所發展、實施及維持有效 HACCP 制度之確認方法。4.實施之標準。5.內部及外部訓練課程。6.對改善 HACCP 制度之支持。

8.4.2　加拿大推行 HACCP 之概況

1992 年 2 月加拿大漁業海洋部規定水產品工廠必須施行 HACCP 品質管理計畫。1996 年加拿大農業部依強化食品安全計畫推動屠宰及肉加工品、乳製品之 HACCP 制度。由於加拿大掌管食品安全部門很多，該國政府遂於 1997 年整合相關單位，成立加拿大食品稽核署(CFIA)，由農產及農產食品部門首長負責，同時也發展整合檢查系統(IIS)，其目的是將 CFIA 各種不同檢查系統整合，並藉由 HACCP 制度實施，讓 IIS 促使業者負起自我管理的責任。

8.4.3　日本推行 HACCP 之概況

1995 年 5 月日本修法，將 HACCP 制度納入食品管理之增條文，稱為「綜合衛生製造過程承認制度」，現已從乳肉及其加工產品開始實施。日本於平成 10 年 7 月 1 日(1998)厚生省公告／農林水產省告示第一號，鼓勵食品的製造過程管理採用 Codex 的 HACCP 規定。

8.4.4　德國推行 HACCP 之概況

1997 年 1 月德國衛生部公布「全國統一食品管理規則」，於法生效一年內採取食品業者 HACCP 認可制度、優先實施項目：乳肉及其加工產品。

8.4.5　英國推行 HACCP 之概況

1995 英國農漁業部修正《食品安全法》，規定食品業者必須實施具 HACCP 制度相同實質之「製造危害系統」。

8.4.6　法國推行 HACCP 之概況

1995 年法國公布多項與食品有關之衛生管理條件，1996 年公布「食品安全取締強化法案」並積極輔導教育來推動 HACCP 與 ISO9000 同時之併用管理方式。

8.4.7　智利推行 HACCP 之概況

1994 年 8 月智利水產部將 HACCP 納入輸出水產品之衛生證明管理制度，並於 1997 年 3 月實施水產品 HACCP 品質保證計畫。

8.4.8　歐盟推行 HACCP 之概況

1993 年 6 月歐聯(EU)公告水產品工廠必須採用 HACCP 品質管理基準之指令。1993 年歐盟於指令 93/43/EEC 中要求食品加工廠要建立以 HACCP 為基礎的管理體系，以確保食品安全的要求。然而於歐聯各國實施並不理想，主要原因：1.各會員國先前已存有 HACCP 或類似管理系統，各系統之情況不盡相同。2.各會員國原有之 HACCP 系統或類似管理系統及法令結構不盡相同。3.各會員國所實施之 HACCP 制度有不同的複雜度及相關法令規定。

8.4.9 WTO（世界貿易組織）推行 HACCP 之概況

WTO 有關食品方面均遵照聯合國食品標準委員會（FAQ/WHO Codex Alimentins Commission 略稱 Codex）規定，而 Codex 積極推動 HACCP 制度為食品管理之世界指導綱要。

8.4.10 APEC（亞太經濟合作會議組織）推行 HACCP 之概況

APEC 正式積極推以 HACCP 制度為基礎之食品相互認證工作，達成貿易自由化之目標。

8.4.11 中國大陸推行 HACCP 之概況

中國大陸國家質量總局在「出口食品生產企業衛生注冊登記管理規定」中，明訂六大類出口產品企業，即罐頭、水產品、肉及肉製品、急速凍結蔬菜、果蔬汁及含肉或水產品急速凍結方便食品，必須建立 HACCP。

第五節　目前國內推動食品 HACCP 現況

我國由政府主導之 HACCP 計畫起自於 1998 年度餐飲公共衛生檢查系統計畫，該計畫之執行根據乃依據 1997 年 3 月 24 日第 108 次臺灣省政會議之決議。自該次會議後，臺灣省衛生處（現行政院衛生福利部食品藥物管理署中部辦公室）於 1997 年 7 月起即展開 HACCP 輔導工作之各項準備及協調會議，召集產官學之相關人士商討進行之步驟，擬相關輔導作業要點，經多次之會議後產生「臺灣省餐飲業實施危害分析重要管制點(HACCP)制度先期輔導作業要點」以作為輔導工作進行之依據。

1998 年 7 月 1 日至 1999 年 6 月 30 日輔導工作之輔導小組成員由衛生處、地方衛生局、專家及學者所組成，由地方衛生局之成員擔任召集人，其餘人員則以輔導小組組員之身分出席，所需之各項費用均由政府編列預算支付，首度之推展工作選定餐盒食品業為輔導對象，參加之廠商除需具備所規定之資格外，HACCP 推動小組成員中必須至少有一人參加過由食品工業發展研究所開授之相關訓練課

程，輔導工作之進行，一般經由輔導小組至少四次之進場輔導，以及外部交叉稽核後，決定是否通過輔導，通過稽核之廠家即可獲得由政府所頒發之先期輔導證明之授證，該年度共計有 23 家餐盒食品工廠獲得授證。

1999 年 7 月 1 日至 2000 年之輔導工作改以專案計畫之方式委託學者執行，以學者為計畫主持人兼輔導小組之召集人，輔導小組仍由食品藥物管理署（當時名稱為食品衛生處）、地方衛生局及專家等成員所組成，該年度之輔導對象除原有之餐盒食品業者外，已拓展到其他大型餐飲服務業，經過輔導及外部稽核後，共有 50 家之餐盒食品廠及 25 家之餐飲服務業獲得先期輔導證明之授證。

2000 年食品藥物管理署大幅修正《食品衛生管理法》第 21 條及 22 條有關於食品業者之設施衛生標準及產品之檢驗規定合併修正為第 20 條。《食品衛生管理法》第 20 條中對食品業者過去施行的「食品業者製造調配加工販賣貯存食品或食品添加物之場所及設施衛生標準」修正增列將品保制度「食品良好衛生規範」之軟體也列入；也就是過去只要求偏重於硬體，而修正過後將對軟體也要求，進而提升食品業者自主管理水準。

2000 年 2 月 9 日公布實施之《食品衛生管理法》第 20 條規定「食品業者製造、加工、調配、包裝、運送、貯存、販賣食品或食品添加物之作業場所、設施及品保制度，應符合中央機關所定食品良好衛生規範。經中央主管機關公告指定之食品業別，並應符合中央機關所定食品安全管制系統之規定」，該管理法中食品安全管制系統之內容，則包含良好衛生規範(GHP)及食品危害分析重要管制點(HACCP)制度。而於民國 108 年 06 月 12 日再度修正《食品衛生管理法》第 3 條，並更名為《食品安全衛生管理法》對於本法用詞，定義如下：

一、 食品：指供人飲食或咀嚼之產品及其原料。

二、 特殊營養食品：指嬰兒與較大嬰兒配方食品、特定疾病配方食品及其他經中央主管機關許可得供特殊營養需求者使用之配方食品。

三、 食品添加物：指為食品著色、調味、防腐、漂白、乳化、增加香味、安定品質、促進發酵、增加稠度、強化營養、防止氧化或其他必要目的，加入、接觸於食品之單方或複方物質。複方食品添加物使用之添加物僅限由中央主管機關准用之食品添加物組成，前述准用之單方食品添加物皆應有中央主管機關之准用許可字號。

四、 食品器具：指與食品或食品添加物直接接觸之器械、工具或器皿。

五、 食品容器或包裝：指與食品或食品添加物直接接觸之容器或包裹物。

六、 食品用洗潔劑：指用於消毒或洗滌食品、食品器具、食品容器或包裝之物質。

七、 食品業者：指從事食品或食品添加物之製造、加工、調配、包裝、運送、貯存、販賣、輸入、輸出或從事食品器具、食品容器或包裝、食品用洗潔劑之製造、加工、輸入、輸出或販賣之業者。

八、 標示：指於食品、食品添加物、食品用洗潔劑、食品器具、食品容器或包裝上，記載品名或為說明之文字、圖畫、記號或附加之說明書。

九、 營養標示：指於食品容器或包裝上，記載食品之營養成分、含量及營養宣稱。

十、 查驗：指查核及檢驗。

十一、 基因改造：指使用基因工程或分子生物技術，將遺傳物質轉移或轉殖入活細胞或生物體，產生基因重組現象，使表現具外源基因特性或使自身特定基因無法表現之相關技術。但不包括傳統育種、同科物種之細胞及原生質體融合、雜交、誘變、體外受精、體細胞變異及染色體倍增等技術。

十二、 加工助劑：指在食品或食品原料之製造加工過程中，為達特定加工目的而使用，非作為食品原料或食品容器具之物質。該物質於最終產品中不產生功能，食品以其成品形式包裝之前應從食品中除去，其可能存在非有意，且無法避免之殘留。

第 15 條　食品或食品添加物有下列情形之一者，不得製造、加工、調配、包裝、運送、貯存、販賣、輸入、輸出、作為贈品或公開陳列：
一、 變質或腐敗。
二、 未成熟而有害人體健康。
三、 有毒或含有害人體健康之物質或異物。
四、 染有病原性生物，或經流行病學調查認定屬造成食品中毒之病因。
五、 殘留農藥或動物用藥含量超過安全容許量。
六、 受原子塵或放射能污染，其含量超過安全容許量。
七、 攙偽或假冒。
八、 逾有效日期。
九、 從未於國內供作飲食且未經證明為無害人體健康。
十、 添加未經中央主管機關許可之添加物。

第 16 條　食品器具、食品容器或包裝、食品用洗潔劑有下列情形之一，不得製造、販賣、輸入、輸出或使用：
一、有毒者。
二、易生不良化學作用者。
三、足以危害健康者。
四、其他經風險評估有危害健康之虞者。

第 22 條　食品及食品原料之容器或外包裝，應以中文及通用符號，明顯標示下列事項：
一、品名。
二、內容物名稱；其為二種以上混合物時，應依其含量多寡由高至低分別標示之。
三、淨重、容量或數量。
四、食品添加物名稱；混合二種以上食品添加物，以功能性命名者，應分別標明添加物名稱。
五、製造廠商或國內負責廠商名稱、電話號碼及地址。國內通過農產品生產驗證者，應標示可追溯之來源；有中央農業主管機關公告之生產系統者，應標示生產系統。
六、原產地（國）。
七、有效日期。
八、營養標示。
九、含基因改造食品原料。
十、其他經中央主管機關公告之事項。

第 57 條　本法關於食品器具或容器之規定，於兒童常直接放入口內之玩具，準用之。

　　為提升我國食品衛生品質，食品良好衛生規範已於 2000 年 9 月 7 日公告；食品與餐飲業 HACCP 標章亦公告實施。2000 年 9 月又公告明訂餐飲業者衛生管理模式，將 GHP 與 HACCP 相結合形成現今所實施的「餐飲業食品安全管制系統」，讓餐飲業者無論在硬體、軟體或人員管理上都有良好的制度規範。行政院食品藥物管理署為推動全國餐飲業 HACCP 制度，俾利營造實施食品安全管制系統之時機，以全面提升餐飲衛生水準，保護消費者健康，並維護業者權益，特訂定「餐飲業 HACCP 制度建立之先期輔導作業規範」。2014 年又修訂並公告餐飲業作業場所應符合下列規定：（第 22 條）

一、洗滌場所應有充足之流動自來水，並具有洗滌、沖洗及有效殺菌三項功能之餐具洗滌殺菌設施；水龍頭高度應高於水槽滿水位高度，防水逆流污染；無充足之流動自來水者，應提供用畢即行丟棄之餐具。

二、 廚房之截油設施，應經常清理乾淨。

三、 油煙應有適當之處理措施，避免油煙污染。

四、 廚房應有維持適當空氣壓力及室溫之措施。

五、 餐飲業未設座者，其販賣櫃台應與調理、加工及操作場所有效區隔。

第 26 條　餐飲業之衛生管理，應符合下列規定：
> 一、 製備過程中所使用設備及器具，其操作及維護，應避免污染食品；必要時，應以顏色區分不同用途之設備及器具。
> 二、 使用之竹製、木製筷子或其他免洗餐具，應用畢即行丟棄；共桌分食之場所，應提供分食專用之匙、筷、叉及刀等餐具。
> 三、 提供之餐具，應維持乾淨清潔，不應有脂肪、澱粉、蛋白質、洗潔劑之殘留；必要時，應進行病原性微生物之檢測。
> 四、 製備流程應避免交叉污染。
> 五、 製備之菜餚，其貯存及供應應維持適當之溫度；貯放食品及餐具時，應有防塵、防蟲等衛生設施。
> 六、 外購即食菜餚應確保衛生安全。
> 七、 食品製備使用之機具及器具等，應保持清潔。
> 八、 供應生冷食品者，應於專屬作業區調理、加工及操作。
> 九、 生鮮水產品養殖處所，應與調理處所有效區隔。
> 十、 製備時段內，廚房之進貨作業及人員進出，應有適當之管制。

第 27 條　外燴業者應符合下列規定：
> 一、 烹調場所及供應之食物，應避免直接日曬、雨淋或接觸污染源，並應有遮蔽、冷凍（藏）設備或設施。
> 二、 烹調器具及餐具應保持乾淨。
> 三、 烹調食物時，應符合新鮮、清潔、迅速、加熱及冷藏之原則，並應避免交叉污染。
> 四、 辦理 200 人以上餐飲時，應於辦理 3 日前自行或經餐飲業所屬公會或工會，向直轄市、縣（市）衛生局（所）報請備查；其備查內容應包括委辦者、承辦者、辦理地點、參加人數及菜單。

　　由於 HACCP 制度運用於食品衛生管理上，早為國際間所肯定，故我國政府繼 續支持該項輔導工作之進行，自 2000 年 7 月 1 日至 2022 年間且於 2022 年舉辦「111 年度餐飲業建立食品安全管理系統表揚暨研討會」，擇優表揚 39 家經 111 年度強制實施 HACCP 符合性查核之餐盒食品工廠、國際觀光旅館及五星級旅館

附設餐廳、供應鐵路運輸旅客餐盒食品業，對業者符合食品安全管制系統準則規定，於製程管控導入預防性的食品安全管理概念，降低並控管食品中的風險，維護餐飲衛生安全予以嘉勉。

經過超過 20 年之輔導工作，目前共有 306 家餐食製造業及餐飲業者符合 HACCP 規定；HACCP 在我國餐盒食品業及餐飲服務業已奠下良好基礎，該項輔導工作之進行更為產官學合作立下最佳典範。輔導工作之依據亦因政府架構之調整而有所改變，由原有之「臺灣省餐飲業實施危害分析重要管制點(HACCP)制度先期輔導作業要點」修改為「餐飲業實施安全管制系統先期輔導作業規範」，輔導工作由政府出資改為業者付費之方式繼續推動，為使該項輔導工作能落實進行，食品藥物管理署更訂定了「餐飲業食品安全管制系統先期輔導負責人遴選辦法」及「餐飲業食品安全管制系統先期輔導作業現場外部稽核員遴選辦法」規範輔導負責人、現場外部稽核員及現場外部主任稽核員之資格條件，顯見我國提升食品衛生品質之決心。

第六節　餐飲業食品安全管制系統衛生評鑑申請作業指引

98 年 4 月 9 日衛署食字第 0980402311 號函訂定
102 年 6 月 11 日署授食字第 1021300425 號函修正
111 年 2 月 10 日衛授食字第 1101360298 號函修正

一、 衛生福利部（以下簡稱衛福部）為積極與有效推動餐飲業主動符合食品安全衛生管理法第 8 條第 4 項所規定之「食品安全管制系統準則」，以提升餐飲衛生安全，強化餐飲從業人員素質，維護消費者權益，特建置餐飲業食品安全管制系統衛生評鑑（以下簡稱本評鑑）及訂定申請作業指引。

　　本評鑑由衛福部食品藥物管理署（以下簡稱食藥署）依餐飲衛生安全政策，鼓勵餐飲業者自由參加，以強化業者落實自主管理。

二、 本作業指引用詞，定義如下：

（一）現場評核：由公正第三者組成評核小組，針對業者申請之作業場所進行評核。

（二）追蹤查核：由公正第三者組成評核小組，針對已通過本評鑑之業者進行不定期之查核。

（三）確認查核：由公正第三者組成評核小組，針對追蹤查核未通過者或有發生食品中毒之嫌並經轄區衛生局調查者，進行之查核工作。

三、 本作業指引適用之餐飲業別如下：

（一）一般餐館餐飲業。

（二）承攬筵席餐廳之餐飲業。

（三）旅館附設餐廳。

（四）自助餐飲業。

（五）學校及醫院附設廚房。

（六）速食業。

（七）其他經食藥署認定適用者。

　　　經衛福部公告應符合食品安全管制系統準則者，不受理其申請。

四、 申請資格條件如下：

（一）經向政府合法登記或依法設立者。

（二）置有食品安全管制小組（以下簡稱管制小組）。管制小組成員及相關資格符合食品安全管制系統準則之規定。

（三）實際運作食品安全管制系統 30 日以上。

（四）供膳場所委由承包商運作者，自轄區衛生局收到其申請之收件日起算，其委託契約書應有 1 年以上之契約效期；前述供膳場所如為學校，委託契約書應有 1 學期以上之契約效期。

五、 申請文件

（一）本評鑑申請書（附錄 1-1），並加蓋業者及負責人印章。

（二）符合前點所定資格條件之證明，含業者最新之登記或設立之證明文件、建檔歷程表（附錄 1-2）及食品安全管制小組人員履歷表（附錄 1-3）。

（三）組織系統圖及從業人員工作配置表（附錄 1-4）。

（四）作業場所平面圖（包括人員及物品動線）及主要機械及設備配置圖（附錄 1-5）。

（五）食品良好衛生規範準則各項標準作業程序書（附錄 1-6）。

（六）供應之菜單一覽表（附錄 1-7）。

（七）產品危害分析重要管制點(HACCP)計畫書。

（八）供膳場所委由承包商運作者，除第 1~7 款之文件外，另須檢附承包商最新之登記或設立之證明文件。

六、書面審查

（一）業者檢附第 5 點之申請文件函送轄區衛生局。轄區衛生局確認第 4 點之申請資格後，函復業者。

（二）業者備妥前款轄區衛生局函文影本及第 5 點所定申請文件，向食藥署委辦之機關（構）（以下簡稱委辦機關（構））申請書面審查。受理申請資料後，應於 15 日內審查完畢，審查結果符合規定者，即通知業者，並於 10 日內排定現場評核日期。

（三）資料審查結果需補正者，委辦機關（構）應通知申請業者限期補正。經通知限期補正而逾期未補正者，視同放棄，予以退件。

七、現場評核

（一）委辦機關（構）於排定現場評核日程後，應於現場評核二週前以函文邀集評核委員，副知轄區衛生局及食藥署參與現場評核之執行。

（二）評核小組成員應符合本評鑑評核委員資格之規定，並向食藥署核備。並依據本評鑑現場評核程序及評核報告格式執行評核作業。

（三）現場評核結束後，評核小組將評核報告及相關資料送食藥署委辦機關（構）。評核結果由委辦機關（構）以書面通知業者。

（四）評核結果缺失項目超過規定標準者，評定為現場評核未通過，業者可於現場評核日起，30 日後再次申請現場評核，但每年以兩次為限（自第 1 次現場評核日起 1 年內）。

（五）評核結果缺失改善報告含電子檔，經與業者說明提送改善報告之期限（涉及大量硬體改善者最長不得超過 2 個月），逾期未提送者，視為放棄，予以不通過結案。

八、 衛生評鑑證明書（標章）之核發

（一）委辦機關（構）針對現場評核結果及缺失改善報告陳報食藥署，由食藥署據以核定衛生評鑑證明書（以下簡稱證書）編號及印製證書，通知轄區衛生局蓋用機關印信，並公開於食藥署網站上。

（二）證書編號格式為「衛評餐服字第○○○號」。

（三）標章格式。

九、 追蹤查核及確認查核

（一）由委辦機關（構）聘請評核委員並聯繫安排查核事宜，副知食藥署。

（二）追蹤查核採不定期之查核方式，追蹤查核報告函報食藥署。

（三）追蹤查核結果不符合規定者，函文通知業者及轄區衛生局，限期改善並安排確認查核，如結果仍不符合規定者，應將該查核報告函報食藥署核定，由食藥署函文通知業者廢止該評鑑證書（標章）。

（四）通過衛生評鑑之業者於證書有效期限內發生食品中毒案件，經轄區衛生局調查者，由該轄區衛生局副知食藥署及委辦機關（構），委辦機關（構）應於收文日起一個月內安排確認查核並完成確認查核報告函報食藥署。查核時，業者另應備妥食品中毒事件檢討報告，否則認屬未通過。查核未通過者，逕予廢止其證書。

（五）前款檢討報告應包括緣由、原因檢討、改善方案、改善過程紀錄及全場員工進行 4 小時之衛生講習紀錄。前開衛生講習，業者應委請場外之專家、學者進行食品安全及衛生課程，並應事先向轄區衛生局核備後辦理。

十、 證書（標章）之廢止

通過本評鑑之業者有下列情形之一者，由轄區衛生局函報食藥署，廢止其證書（標章），被廢止者應繳回證書。自證書廢止日起，45 日後始得再提出申請；如為現場評核通過，尚未取得證書者，不予核發該證書。

（一）未辦理展延者。

（二）永久停工。

（三）產品在非認可處所產製者。

（四）產品之主要製造階段及包裝等步驟，委外代工者。

（五）購買或使用未經管制之即食食品。

（六）超過最大生產量生產或供應。

（七）確認查核仍未通過者。

（八）場所變更與發證地址不符者。

（九）半年內發生 2 次以上食品中毒案件並經衛生局調查確定者。

（十）1 年內發現 2 次以上應辦理變更登記而未登記者。

（十一）其他重大缺失者。

十一、證書（標章）之展延

（一）本評鑑證書有效期限為 3 年 111，應於到期前 6 個月提出展延申請。

（二）展延作業除應檢附第 5 點之申請文件，另須檢附下列文件，同第 7
點之程序辦理：

1. 管制小組成員之食品安全管制系統持續教育時數證明。

2. 原核發證書正本。

十二、證書（標章）之變更

通過本評鑑之業者有下列情形之一者，應於事實發生之日起 30 日內
辦理變更登記。轄區衛生局或委辦機關（構）核可後應副知食藥署，以利
更新網站資料。

（一）業者名稱或負責人變更：應備妥變更後之業者登記證明（如公司登
記或商業登記證明文件）及管制小組成員未改變之證明文件，逕向
轄區衛生局提出申請。

（二）管制小組成員異動超過二分之一：應備妥擬變更人員之聘書或證明
及食品安全管制系統合格結業證書影本，逕向轄區衛生局提出申
請。

（三）生產量變更：同新案方式辦理，備妥新案申請相關文件，逕向委辦機關（構）提出申請。

（四）經營型態改變或更換承包商或其他足以影響系統運作之變更：同新案方式辦理，備妥新案申請相關文件，逕向委辦機關（構）提出申請。

十三、證書之補發

（一）本評鑑證書有效日期內遺失者，得檢具本評鑑申請書（附錄 1-1）及切結書，逕向轄區衛生局申請證書補發，新證書有效期間與原證書相同。

（二）切結書格式如附錄 7。

十四、本評鑑相關作業流程圖如附錄 5 及附錄 6。

富味鄉榮獲 2022 HACCP 食安金讚獎

臺灣芝麻大廠富味鄉榮獲 2022 年 HACCP 「食安金讚獎－食安經營管理類」獎項，並受獲邀於 11 月 12 日當日授證。

HACCP 成立於 2003 年，結合產、官、學、研等四方，是國內食品業最具公信力的食品安全教育訓練機構。為能表揚臺灣食品業者對食安發展的貢獻，協會於 2021 年起設置「食安金讚獎」獎項，以茲肯定臺灣卓越企業或個人對食品安全的努力與付出。

富味鄉專注於芝麻的研究，並以吃透一粒芝麻為使命，開發多元多樣的芝麻產品。總經理劉兆華表示，公司歷經標示不實的風波後，深刻檢討不足，為能提供消費者安心食用保障，富味鄉將食品安全列為企業經營最高原則，以高規格訂立食品安全管制系統，落實原料到成品的自主管理；取得多項國際食品安全管理系統驗證，包含 BRC、SQF 及產品 100％無添加、雙潔淨驗證…等，以國際級標準完善企業的食安管理。而品保食安實驗室更於 2018 年及 2020 年依序通過全國認證基金會(TAF)微生物領域及化學領域驗證（實驗室認證編號：3548）。富味鄉表示，食品安全並非一朝一夕，需要經年累月的投入與堅持，經過多年來的努力，富味鄉獲得國內外客戶的肯定，公司經營亦逐年突破新高，屢創佳績。將小小芝麻發揮大大價值，富味鄉將持續為民眾健康與食品安全善盡一份力量。

資料來源：工商時報，郭亞欣報導，https://ctee.com.tw/industrynews/consumption/754264.html

法·規 ⚖ 彙·編

相關法規修訂

1. 《食品安全衛生管理法》民國 108 年 6 月 12 日修正，第 8 條食品業者之從業人員、作業場所、設施衛生管理及其品保制度，均應符合食品之良好衛生規範準則。經中央主管機關公告類別及規模之食品業，應符合食品安全管制系統準則之規定。食品安全管制系統準則含：
   A. 食品良好衛生規範(GHP)：係指食品業者在各項 操作與品保制度，應符合確保衛生或品質要求之基本軟、硬體條件。
   B. HACCP 制度：係建立在 GHP 基礎上，進一步藉由科學管理之方法分析作業可能之危害及其管制措施，用以經常性的偵測並預防因管制不當而導致不良之產品，危害民眾健康。

   此一系統目前推動最為積極者為 HACCP 制度，衛生福利部食品藥物管理署將視安全評估之風險大小與產業需求性，選擇業別之規模，逐步公告實施。

2. 訂定《食品良好衛生規範》（2014 年 11 月 7 日衛生福利部部授食字第 1031301902 號令發布廢止）。

3. 研擬《食品安全管制系統驗證管理辦法》，如依據行政院衛福部中華民國 103 年 8 月 11 日修訂《餐盒食品工廠應符合食品安全管制系統準則之規定》，公告依據《食品安全衛生管理法》第 8 條第 2 項規定。

4. 研擬各類食品 HACCP 通則、專則。

5. 中華民國 89 年 9 月 2 日訂定《餐飲業實施食品安全管制系統先期輔導作業規範》。

6. 行政院衛生福利部食品藥物管理署中華民國 98 年 4 月 2 日公告「餐飲業食品安全管制系統衛生評鑑申請注意事項」。同時宣布《餐飲業 HACCP 制度建立之先期輔導作業規範》與其授證標章於中華民國 99 年 12 月 31 日終止使用。
   自中華民國 100 年 1 月 1 日起，取而代之的是《餐飲業食品安全管制系統衛生評鑑與其新的標章》。

7. 專業人才培訓：
   (1) 地方衛生管理人員：食品藥物管理署每年委託食品工業發展研究所，辦理邀請國外專家辦理研習會。

(2) 食品業者專業人才：食品藥物管理署每年委託食品工業發展研究所，辦理邀請國內、外專家辦理研習會。

(3) 學者、專家：食品藥物管理署委託食品工業發展研究所或其他相關單位，邀請國內專家、學者辦理研習會。

8. 輔導業者建立模式：食品藥物管理署委託食品工業發展研究所輔導乳品、水產品、罐頭食品；委託財團法人中華穀類發展研究所輔導烘培食品；委託中央畜產會輔導肉品。

9. 食品藥物管理署中區管理中心委託學術機關構輔導餐盒食品、餐飲服務業：2001 年度以後改為業者自費接受輔導。2009 年 4 月 2 日公告《餐飲業食品安全管制系統衛生評鑑申請注意事項》後，業者亦可自行建立該系統。

10. 現場輔導作業（餐飲業食品安全管制系統衛生評鑑輔導作業）：

(1) 業者自行接受輔導，有關輔導時程、次數及進度，由業者與輔導負責人自行協商全程輔導時間、次數。每次進行下一次輔導時，最好先將上一次輔導應行改善事項，由輔導負責人複查確認，有關輔導之內容建議如下。

(2) 輔導內容：

A. 第一次輔導項目：食品餐飲業作業廠區硬體規劃、製程設備與流程動線合理化、GHP 規定之衛生管理標準作業程序書之訂定與現場檢討、廠商 HACCP 計畫書執行小組名單訂定。

B. 第二次輔導項目：第一次輔導建議改善事項複查（包含硬體設施、流程動線與輔導餐飲業 HACCP 衛生評鑑衛生評鑑之申請表附件之正確填寫等）、GHP 規定之製程及品質管制標準作業程序書訂定與檢討、產品描述、加工流程圖建立、危害分析重要管制點訂定與檢討。

C. 第三次輔導項目：第二次輔導建議改善事項複查（包含硬體設施、流程動線是否符合餐飲業 HACCP 衛生評鑑之規定），確認製程及品質管制標準作業程序、GHP 中規定關於倉儲管制、運輸管制、檢驗與量測、消費者申訴案件，成品回收及處理、教育訓練等標準作業程序書訂定與檢討。產品 HACCP 計畫書撰寫之輔導。

D. 第四次輔導項目：第三次輔導建議改善事項複查、GHP 各項標準作業程序書、產品 HACCP 計畫落實情形之查核。

E. 第五次輔導項目：

(a) 再一次針對硬體設施、流程動線確認是否完全符合餐飲業 HACCP 衛生評鑑之要求；

(b) 確認餐飲業 HACCP 衛生評鑑衛生評鑑 之申請表附件之正確填寫；

(c) 第四次輔導建議改善事項複查、GHP 各項標準作業程序書、產品 HACCP 計畫
落實情形之查核；

(d) 備函與其相關文件，準備向當地衛生局申請餐飲業 HACCP 衛生評鑑現場評
核。

(3) 輔導程序：

A 廠商負責人介紹其 HACCP 執行小組成員。

B. 輔導負責人介紹輔導小組成員。

C. 主持人報告本次輔導工作內容。

D. 第一次輔導時，廠商應報告單位之組織系統，從業人員工作配置及單位平面圖
（包括主要機械及設備配備）。

E. 輔導小組每次輔導應現場查勘軟、硬體是否符合食品衛生管理相關法令及自訂
的規範。

F. 每次輔導後的整體檢討。

G. 每次輔導建議改善事項及完成改善時間之確定，暨下次輔導時間之訂定。

(4) 餐盒食品業以當日菜餚來訂定 HACCP 計畫書。餐飲服務業因有各種不同供膳型態
（如冷藏供膳、烹調供膳、烹調熱存供膳、烹調冷卻冷藏供膳、烹調冷卻冷藏復
熱供膳、烹調冷卻冷藏復熱熱存供膳等）應各選擇一種典型菜餚之製程訂定計畫
書。其中危害分析部分，選擇一種典型菜餚或多種不同供膳型態的菜餚作分析，
由業者自行決定。

(5) 場所設施應符合《食品工廠建築及設備之設置標準》與《食品良好衛生規範》規
定。

11. 每次輔導結果應填寫輔導記錄表，並於記錄表之處理意見欄內，詳填建議事項完成期
限，最後一次輔導除填寫輔導記錄外，應加填確認工作情形表。

12. 最後一次輔導後，輔導負責人應就輔導建議改善事項複查，於複查通過當日正式實施
餐飲業 HACCP 制度之表單記錄，經過 30 天之資料建檔後，由業者可以備齊所有之
申請資料，向當地衛生局提出餐飲業 HACCP 衛生評鑑現場外部評核申請。

13. 餐飲服務業半成品或成品檢驗，可請其委託之檢驗機構（衛生單位或學術研究單位）
前往採樣檢驗。

《食品安全衛生管理法》

第 2 條之 1　　　為加強全國食品安全事務之協調、監督、推動及查緝，行政院應設食品安
全會報，由行政院院長擔任召集人，召集相關部會首長、專家學者及民間
團體代表共同組成，職司跨部會協調食品安全風險評估及管理措施，建立

食品安全衛生之預警及稽核制度，至少每三個月開會一次，必要時得召開臨時會議。召集人應指定一名政務委員或部會首長擔任食品安全會報執行長，並由中央主管機關負責幕僚事務。

各直轄市、縣（市）政府應設食品安全會報，由各該直轄市、縣（市）政府首長擔任召集人，職司跨局處協調食品安全衛生管理措施，至少每三個月舉行會議一次。

第一項食品安全會報決議之事項，各相關部會應落實執行，行政院應每季追蹤管考對外公告，並納入每年向立法院提出之施政方針及施政報告。

第 42 條之 1　為維護食品安全衛生，有效遏止廠商之違法行為，警察機關應派員協助主管機關。

第 49 條之 2　經中央主管機關公告類別及規模之食品業者，違反第 15 條第 1 項、第 4 項或第 16 條之規定；或有第 44 條至第 48 條之 1 之行為致危害人體健康者，其所得之財產或其他利益，應沒入或追繳之。主管機關有相當理由認為受處分人為避免前項處分而移轉其財物或財產上利益於第三人者，得沒入或追繳該第三人受移轉之財物或財產上利益。如全部或一部不能沒入者，應追徵其價額或以其財產抵償之。為保全前二項財物或財產上利益之沒入或追繳，其價額之追徵或財產之抵償，主管機關得依法扣留或向行政法院聲請假扣押或假處分，並免提供擔保。主管機關依本條沒入或追繳違法所得財物、財產上利益、追徵價額或抵償財產之推估計價辦法，由行政院定之。

餐飲業食品安全管制系統衛生評鑑申請作業指引－評核委員資格

一、衛生福利部食品藥物管理署（下稱本署）為建立餐飲業食品安全管制系統衛生評鑑（下稱本評鑑）現場評核、追蹤查核及確認查核時評核人員之管理，依據本評鑑申請作業指引第七點第二款規定訂定之。

二、評核委員之資格條件：

(一) 應為衛生單位內實際從事食品衛生管理之人員、大學院校食品相關科系現任講師以上或大學院校食品相關科系畢業之專業人士，具有參與食品業食品安全管制系統制度建立或輔導經驗，且具高度熱忱者。

(二) 應完成本署認可之食品安全管制系統訓練機構辦理之食品安全管制系統相關訓練三十小時以上並領有合格結業證書。

(三) 應具三次以上完整之現場評核經驗。符合前開二款規定者，得列為觀察員以取得現場評核經驗。

三、 符合前點規定之人員，由本署納入本評鑑之評核委員名單。

四、 衛生單位人員不得擔任管轄縣市廠商之現場評核委員，必須跨縣市擔任本項評核業務。

五、 由本署計畫委辦機關（構）遴選三位委員並聯繫安排新申請案件之現場評核事宜，評核之主審委員應由委員相互推選產生，負責現場評核工作之協調。

六、 展延案件之現場評核、追蹤查核及確認查核得視實際情形遴選一至三位委員辦理。

七、 評核委員應恪遵利益迴避之原則，應排除足以影響評核公正性之作法或無歧視之利害關係，例如：評核委員或其機構兩年內曾對接受擬評核之業者提供顧問服務或直接輔導；評核委員在進行評核前，應將本身或其所屬機構與被評核業者間的任何現存、過去或可預見之關聯，告知本署計畫委辦機關（構）。

八、 評核委員應恪遵下列規定：

(一) 不得有洩漏機密或不利於評核小組所屬相關單位、業者之行為。

(二) 不得假藉名義從事營利或詐欺等行為。

(三) 凡與評核相關之事務，未經本署或轄區衛生局同意，不得擅自接受媒體採訪或發布不當言論。

九、 違反前項規定並經查證屬實者不再續聘，且不得再參與相關評核工作。如涉及違反其他法令者，由本人自行負責。

餐飲業食品安全管制系統衛生評鑑申請作業指引─現場評核程序

一、 起始會議：由業者介紹其主要幹部、食品安全管制小組（下稱管制小組）成員及生產作業流程簡要說明；由主審委員說明各評核委員之評核項目，並確認評核範圍與標準。

二、 現場勘查軟、硬體。

三、 實地評核時，主審委員應對評核工作予以確認，並預定評核結束時間。

(一) 各評核委員依分配之任務，由業者管制小組相關成員陪同，赴各有關部門進行現場實地評核。

(二) 書面資料審查。

四、 內部討論：

(一) 軟、硬體評核完畢，由主審委員主持內部會議，並請業者相關人員迴避。

（二）各評核委員提出評核資料及現場觀察結果討論，包含觀察所得及各項缺失，以完成現場評核報告。

五、現場評核結果應填寫現場評核報告（附表二）。

六、評核總結會議：由評核委員及業者相關人員參加，並依序辦理下列事項：

（一）由主審委員對評核結果作綜合說明，及缺點判定情形。

（二）與業者逐項討論確認評核結果，並說明提送缺點矯正計畫之期限、窗口等。

（三）業者如對評核結果或缺點判定有異議時，可當場提出說明或補提相關資料。若雙方檢討仍無法達成共識時，業者可於評核報告之業者意見欄內說明意見。上項意見視同申訴案件，本署將專案處理後，正式答覆業者。

（四）請業者負責人或管制小組召集人在評核報告上簽名並於評核報告每頁加蓋公司章。

七、現場評核參考時程如下表：

順序	使用時間（分）	工作項目	內容
1	5	人員介紹	業者相關人員與評核委員互相介紹認識。
2	15	業者簡報	由業者說明其營運概況，人物流動線、GHP 及 HACCP 實施現況。
3	60	現場評核	現場作業及硬體設施評核。
4	40	資料評審	軟體資料及各種管制記錄圖表評審。
5	40	內部討論	由現場評核小組內部綜合討論、評分，並請業者相關人員暫時迴避。
6	20	總結及確認	由現場評核委員推選之主審委員報告評核結果並請業者相關人員確認後簽章。

 課 後 討 論 ───────────────────── EXERCISE

1. 試述 HA 及 CCP 之定義。

2. 承上題，請舉一般餐廳證明。

3. 請舉出一般餐廳常見之生物性危害有哪些？

4. 有關化學性危害，常見於餐廳或一般家庭有哪些？又最近之新聞報導，有哪些屬之？

CHAPTER

09

餐旅職場倫理與道德

　　餐旅業和其他行業最大不同點，是具有國際性和服務性；所謂國際性，例如加入 WTO，餐飲業的跨國化、連鎖化經營趨勢、中外合資、外商獨資飯店日益增多，餐旅業不僅要遵從本國、本民族、本地區的風俗習慣和道德文化，而且還必須遵從國際通行慣例；餐旅業當然是與人面對面的行業，以出售餐點、飲料、住宿、休憩、服務為主要產品特色；所以餐旅業新鮮人在進入職場之前，必須具有正確職場倫理與和職場道德的觀念，使其未來可用負責的態度面對餐旅職業生活，並能對餐旅職場現實提前有所認識。調和職場倫理道德與現實之間的差距，基本上有良心的底線。本章節的目的，就是協助餐旅業新鮮人，理解餐旅職場倫理與職場道德的意涵與內容，做好未來就業的準備，建立快樂的餐旅職場人生觀。

第一節　職場倫理意義與內涵

　　廣義而言，「職場倫理」或者是說「工作倫理」泛指「雇主與受雇者之間的關係」。主要是討論工作環境中的人際關係，特別是主管與部屬之間的互動關係。

　　也就是指個人在從事工作時，對自己、對他人、對社會大眾以及對工作本身所應遵行的行為準則和道德規範。

　　隨著科技進步，人類物質生活提升，倫理道德和精神生活有「向下沉淪」的趨勢，因此曾任經濟部長、財政部長和主導科技發展的行政院政務委員，國際間尊稱 "KT"（李國鼎英文名字的縮寫）為「臺灣經濟發展奇蹟的締造者」李國鼎先生力倡「群己關係」的「第六倫」，企圖挽救臺灣社會逐漸淪喪的倫理道德；近有宗教界人士積極推動「心六倫」運動，包括「家庭倫理」、「生活倫理」、「校園倫理」、「自然倫理」、「職場倫理」、「族群倫理」等。

　　當一個員工在職場上面臨自身利益與公司利益衝突時，員工的倫理觀念可能會使個人作出不同的決定，而在這種困境中，最需要員工「公平」與「正義」的倫理判斷，以使其行為真正符合公司利益。經過社會輿論探討，普羅大眾認為「敬守本身職務並認真負責」的態度，是不可或缺的最大公因數。

西方的聖經對於「敬守本身職務並認真負責」的態度，在以弗所書六章 5-7 節：「你們作僕人的，要懼怕戰兢、用誠實的心聽從你們肉身的主人，好像聽從基督一般。不要只在眼前事奉，像是討人喜歡的，要像基督的僕人，從心裡遵行神的旨意。甘心事奉，好像服事主、不像服事人。」這種忠誠、順服的態度就是受雇者應有的表現。所以在選擇工作時，工作是否幫助我們實現自我的理想？是否能對社會有積極的貢獻？因為正確的工作觀也會促使我們在工作上賦予更積極、更神聖的意義，進而使我們更有「敬業」的精神，在工作上有傑出的表現。

所以職場倫理由員工或個人的角度來看，其在工作當中所應盡的道德倫理責任，職場倫理可分為兩部分，一是在工作當中所被規定應遵守的規範，這是屬於法定的範疇；二是在工作當中屬於道德的部分，這是屬於非正式的規範，如工作態度與同事相處的方式，或是在職場中所應有的誠信原則，這些是屬於約定俗成或是各企業的文化。若就企業的職場倫理內容而言，舉凡員工個人與同事之間、乃至與顧客之間、上下關係的各個層面，都屬於職場倫理的範圍。

第二節　職場道德意義與內涵

而「職場道德」就是個人在工作職場所應具有職業道德和工作規範，也就是人們的職場活動緊密聯繫，符合職場特點要求的道德準則、道德情操與道德品質的總和。任何企業均講求績效，但往往能增進績效的關鍵，不在工作能力，而是與職業道德有關。

職場道德是泛指從事某一職業時所應具備的道德觀念與行為。員工在職場工作，對於企業負有倫理責任與道德義務，如此才能共存共榮。以下為員工對雇主的基本責任與義務：敬業精神、遵守工作規範、服從上級指令、嚴守公司機密（保密原則）、提升工作效率、表現忠誠態度（誠信原則）、發揮團隊精神，以及尊重他人隱私。

而職場道德更是指一個人在執行自己的工作時；對自己、對他人及對這份職業所擁有的良心。從人類社會發展，自原始社會起，至發展農業、畜牧業、商業等職業分工，職業道德開始萌芽。職場道德是隨著社會分工的發展產生的，不論是何種商業，甚或是政治家、軍事家、教育工作者、醫療工作者等職業，不但要

求人們具備特定的專業知識和技能，而且要求從事者必須具備特定的道德觀念和品質。

　　所以各個職場道德與一般社會道德比較起來，具有以下特點：1.具有較強的穩定性和連續性；2.具有特定職業的業務特徵；3.通常會以規章制度、工作守則、服務公約、勞動規程、行為須知等。因此各個職場從業人員，須經過該職場道德教育，認識其本職工作的社會意義，掌握其職場道德的內容，建構對職場的責任感、良心、理想以及道德品質。

第三節　餐旅業的職場倫理與道德

　　餐旅業如同前言所述，是一門不同於其他職種的行業；它是具有社會公益性的，因為餐旅業是以服務產品直接面對客人的產業，其涵蓋了餐旅從業人員與服務對象、餐旅從業人員之間、餐旅業與商業客戶和協作單位、餐旅業與社會、餐旅業與自然環境等各方面錯綜複雜的內、外部關係。因此，單純從外部關係講，餐旅職業道德當然包括重視和促進社會公益性，這對於餐旅業的社會形象和品牌影響來說生命攸關。

　　如上所述，敬業精神與職場道德　每一家公司皆有它的管理制度規範及文化，餐旅業對其從業人員也是如此要求。一位員工，儘管他動作敏捷迅速、聰明絕頂，但若無法接受團體規範，亦無法勝任工作。若對公司認同度不夠，或敬業精神不足或自以為是，在職務上是無法有所伸展。一般而言，服務人員必須具備的特質如下：

1. 有工作熱忱並且喜歡這份工作，把愉悅帶給顧客，時常面帶笑容，保持熱忱與殷勤，自信地呈現在顧客面前。

2. 遵守公司紀律，由於餐旅業通常是二頭班或三頭班的工作，遲到或早退都會影響他人及工作的進行；一位負責可靠的員工，工作時除特別的原因外，絕不能遲到早退。如果不能上班時，也須事先通知公司，以便及時安排人手。

3. 要有團隊精神，當面對顧客時，不分階級職務，每一位餐旅服務人員都是一樣的。顧客不一定知道也沒有必要知道，你們的工作職責是什麼，是哪一區的服務人員。因此，每一位餐旅服務人員都應認真負責完成工作，減少錯誤的發生。

面對顧客的抱怨不應指責或批評別人，甚至是撇清責任，顧客不會因此對公司或個人給予肯定，因為他只希望你能幫他解決問題。

4. 要主動進取，好的餐旅服務人員應當知道什麼是應當做的事，不必由別人提醒去做，自動自發尋找並完成工作，甚至能發現可以改進的方法。每個人不可能十全十美，況且餐旅業每天都在進步，對於自己的不足，努力充實學習新資訊。

5. 要有健康的身心，健康的身體對餐旅從業人員來說是非常重要的。因為大部分工作時間都是要站立、行走或端送東西。除此之外，健康的心理一樣重要。面對顧客、上司、同事能誠懇相待，對於他人的建議或批評也要能仔細聆聽。當你有錯誤時，要誠實承認，從錯誤中再學習。

除以上所述，餐旅業的廚師的廚藝廚德也非常重要，因為廚師工作的特殊性，即其所製作的菜點是供人吃的，不僅和公民群眾的關係息息相關，而且直接關係到消費者的性命安全與身體健康。廚藝高不即是廚德高；廚德高不即是廚藝高，兩者不能劃等號。在今天懇求建立社會主義榮辱觀的新形勢下，作為一個廚師，應當是廚藝精且廚德高。茲建議廚師應具有以下廚德：

1. 要嚴格選料

餐飲業所用的原料或輔料，複雜且種類繁多，產地各異，有動物、有植物、有礦物以及其他。作為廚師，應當對所使用的各種原輔料的產地、質地、屬性有相當的了解。另外，對屬於國家保護的野生動物如娃娃魚等不能使用；對於魷魚、海參等乾料，最好是要自己漲發，不要為省事購買市場上發製好的。

2. 要身體力行

身為廚師，必須身體力行。不符合衛生要求的菜餚，不能上餐桌。斷絕食物中毒事故發生，為消費者健康負責。尤其注重個人衛生，要服儀整潔、不留長髮、不酗酒、不吸菸。

3. 要精心細作

菜餚的品質和廚師的思想情緒密切相關，同一種菜餚、同一個人、在不同的思想、情緒下，會做出不同的氣味來。廚師要聚精會神掌勺、一心一意做菜。工作時，充分施展自己的技藝潛能，反對粗製濫造、偷減工序、敷衍了事。

4. 要對顧客一視同仁

要讓顧客「高興而來，滿意而歸」。不論菜餚價錢如何，或是顧客身分如何，用餐價錢多寡，衣飾衣著如何等，都應當一視同仁，不以貌取人，不優親厚友。

5. 要「看客下菜」

客人來自四面八方，因為國籍、性別、年齡、職業甚至身體強弱等的不同，在口味上的不同要求，是主觀存在的，也是符合實際情況的。身為廚師，要遵照古人說的「食無味，適口者珍」和「顧客滿意就是標準」的前提，通過各種管道和辦法，懂得把握不同人群的口味，在菜餚烹飪機動且巧妙地予以調和，以滿足不同的需要。而不要千篇一律地一成不變。

6. 要節省資源

現在，提倡建立節省型社會。節省資源人人有責。廚師對所利用的原物料，除按部位切實取料外，物盡其用，對於肉類中的骨頭、皮、脂，以及植物類物料中的根、莖、葉、皮、種子等，要充足地加以利用。同時，在不影響菜點品質的條件下，還要注意節省水、電、燃料等。

7. 要善於創新

烹飪，是一門藝術。身為廚師，要時時創新，要有豐盛的想像力。因為社會一直在發展，消費者的需求不停的變更，當然顧客的口味也在變，而新的原料、新的素材（包含引進國外的）不斷增長，客觀形勢要求我們與時俱進，不斷創新。

8. 要加強與服務員及內場相關人員的溝通協作

在餐飲業，服務員是在第一線，直接與顧客打交道，廚師在內場，所以顧客對菜餚的反應、要求和建議，首先反映給服務員。身為廚師，要常常自動地與外場服務員溝通意見，以了解顧客的反應，以便隨時改進烹調技術及口味。

9. 要隨時吸取新知

各個地方的菜餚，都有各自的風格和技藝。因而，要提高技藝，廚師之間的相互觀摩，是不可缺乏的。要善於吸取其他菜系精神及技藝，常參加美食展或赴世界各的餐廳用餐，以開闊眼界，互相學習，才能彌補自己的不足，增進自己烹飪技藝的提升。

10. 要尊長愛幼，不藏私

　　將技藝傾囊教授是餐飲界的傳統美德，也是廚德的一種表現。作為廚師，要尊敬自己的師傅，虛心聆聽師傅的教導，並虛心學習師傅的高深技藝；而對自己所帶的徒弟則要悉心教導，以身作則，言傳身教，以實際舉動，影響和教導晚輩，以傳承優良的美食技藝。

食安風波又起！嘉義衛生局抽驗超商食品驗出「李斯特菌」

　　嘉義縣衛生局為維護民眾食用即食熟食食品衛生安全，針對縣內各大超商、賣場、餐飲業展開抽驗，抽驗 48 件產品；其中有 1 件產品衛生標準不符合規定，經查產品來源為外縣市，已交由該廠商所在縣市的衛生局後續查辦。

　　嘉義縣衛生局近日到超商、賣場、餐飲業，抽驗 48 件產品，發現超商販售的「桂花油醋雞肉沙拉」有食安疑慮，驗出不得檢出的「李斯特菌」為陽性，衛生標準不符合規定，經查產品來源為新竹縣，依食品安全衛生管理法要求限期改善，若未改善可開罰 3 萬～300 萬元，目前已移給新竹縣衛生局處理。

　　衛生局指出，李斯特菌主要以食物為傳染媒介，在生食中不得檢出，可能是水質汙染、從業人員交叉汙染，李斯特菌環境適應性強，在冷藏室 4~10℃ 環境仍持續生長繁殖，需要加熱至 72℃ 以上才可殺死，因此建議老人、免疫不全、抵抗力弱者等高風險族群應避免食用低溫保存之即食品如：肉類加工品和生菜沙拉及未經殺菌程序的乳製品，若要食用，請在食用前充分加熱；預防吃下高風險食品。

　　衛生局長趙紋華呼籲，餐飲及食品販售業者，應落實衛生自主管理，製作販售場所應符合食品良好衛生規範準則，操作人員調理前後要徹底洗淨雙手及器具，處理生熟食需使用不同器具以避免交叉污染，在調理牛肉、豬肉、禽肉等肉類產品時應徹底煮熟，且販售食品勿大量製作囤積，把關產品衛生安全。

資料來源：中天新聞網，記者吳紹尹報導，https://reurl.cc/8j30Ld

附錄 1-1

餐飲業食品安全管制系統衛生評鑑申請書

<table>
<tr>
<td rowspan="1" colspan="2">申請類別</td>
<td colspan="4">□新申請
□展延，原證書字號：衛評餐服字第○○○號
□補發，原證書字號：衛評餐服字第○○○號</td>
</tr>
<tr>
<td rowspan="5">業者
登記
或
設立
資料</td>
<td>業者名稱</td>
<td colspan="4"></td>
</tr>
<tr>
<td>地址</td>
<td colspan="4">○○○-○○</td>
</tr>
<tr>
<td>負責人</td>
<td colspan="4"></td>
</tr>
<tr>
<td>登記或
設立字號</td>
<td></td>
<td>食品業者
登錄字號</td>
<td colspan="2">○-○○○○○○○○○-○
○○○○-○</td>
</tr>
<tr>
<td>電話</td>
<td>（　）</td>
<td>傳真</td>
<td colspan="2">（　）</td>
</tr>
<tr>
<td rowspan="14">餐飲
場所
資料</td>
<td>市招名稱</td>
<td colspan="4"></td>
</tr>
<tr>
<td>餐飲場所
地址</td>
<td colspan="4"></td>
</tr>
<tr>
<td>負責人</td>
<td></td>
<td>職稱</td>
<td colspan="2"></td>
</tr>
<tr>
<td>統一編號</td>
<td></td>
<td>餐飲場所
登錄字號</td>
<td colspan="2">○-○○○○○○○○○-○
○○○○-○</td>
</tr>
<tr>
<td>電話</td>
<td>（　）</td>
<td>傳真</td>
<td colspan="2">（　）</td>
</tr>
<tr>
<td>從業員工
人數</td>
<td>○人</td>
<td>食品從業
人員數</td>
<td colspan="2">○人</td>
</tr>
<tr>
<td rowspan="7">經營型態</td>
<td colspan="4">□自行營運
□委由承包商駐點營運，其登記或設立資料如下：</td>
</tr>
<tr>
<td>名稱</td>
<td colspan="3"></td>
</tr>
<tr>
<td>地址</td>
<td colspan="3"></td>
</tr>
<tr>
<td>負責人</td>
<td colspan="3"></td>
</tr>
<tr>
<td>登記或
設立字號</td>
<td colspan="3"></td>
</tr>
<tr>
<td>食品業者
登錄字號</td>
<td colspan="3">○-○○○○○○○○○-○○○○○-○</td>
</tr>
<tr>
<td>供餐餐次</td>
<td colspan="4">□早餐　□午餐　□晚餐　　□其他：</td>
</tr>
</table>

最大安全生產量	○餐食份／餐		平均實際生產量	○餐食份／餐
最大安全生產量之計算方式				

管制小組成員名單	姓名		職稱	
			（管理代表）	
			（衛生管理（專責）人員）	

聯絡人	姓名		職稱	
	電話		行動電話	
	E-mail			
	證書寄送地址			

此致
衛生福利部食品藥物管理署

負責人：＿＿＿＿＿＿＿＿＿＿＿＿

（業者印信）　（負責人簽名或印信）

年　月　日

附錄 1-2

＿＿＿＿＿＿＿公司食品安全管制系統建檔歷程表

	建檔內容	日期	建檔人	輔導人（無可免填）
第一個月				
第二個月				
第三個月				
實際運轉期		起：		
		迄：		
建檔人之學經歷及 HACCP 相關背景：				
輔導人之學經歷及 HACCP 相關背景：（無可免填）				

附錄 1-3

食品安全管制小組人員履歷表

填表日期：中華民國　　　年　　月　　日

餐飲服務業名稱：

地址：

姓名與住址	姓名		出生年月日	年　　月　　日
	住址			
學歷	畢業學校 （最高學歷）			
	科　系			
	畢業時間	年　　　月	畢業證書字號	

專門訓練	類別	1 衛生管理專責人員訓練班	期別	1
		2 餐飲業 GHP 或 HACCP 系統實務訓練班		2
	訓練主辦單位	衛生署認可單位		
	受訓結業證書字號	1	年月日	1
		2		2

商號或單位職務	【衛生管理（專責）人員請加註】	最近半身脫帽相片
經歷		

註：1. 衛生管理及檢驗人員可由同一人兼任。
　　2. 並檢附受訓結業證書影本。

附錄 1-4

餐飲業組織系統圖及從業人員工作配置表

填表日期：中華民國　　　年　　月　　日

業者名稱：

業者地址：

一、組織系統圖（請列入各單位主管姓名）

二、從業人員工作配置表

區分	事務人員	技術人員	作業員 （含臨時工）	總計	備考
總務部門	人	人	人	人	人
營業部門	人	人	人	人	人
製造部門	人	人	人	人	人
品管部門	人	人	人	人	人
	人	人	人	人	人
	人	人	人	人	人
合計	人	人	人	人	人

附錄 1-5
作業場所平面圖及主要機械及設備配置圖

註： 1.請標示尺寸及面積。
　　 2.本表不敷使用，可影印使用。

業者名稱：

業者地址：

附錄 1-6

餐飲業 GHP 各項標準作業程序書

_____位／公司

文件名稱：

文件編號：XX-XX-XX

制定單位：

版本：1.0

制定日期：　年　月　日

	修　　　訂　　　紀　　　錄				
No	修訂日期	修訂申請單編號	修訂內容摘要	頁次	版本版次

制定：	審查：	核准：

註：請蓋職章或親簽＋日期

_____單位／公司

制定日期		文件名稱		文件編號	XX-XX-XX		
制定單位				版次	1.0	頁次	

1.目的：

2.範圍：

3.權責：

4.定義：

5.作業內容：

6.參考文件：

7.附件：

附錄 1-7

供應之菜單一覽表

填表日期：中華民國　　　年　　　月　　　日

序號	菜餚名稱	序號	菜餚名稱

附錄 2
餐飲業食品安全管制系統衛生評鑑

餐飲業食品安全管制系統衛生評鑑　　　　　　□現場評核報告
　　　　　　　　　　　　　□追蹤查核報告　　□確認查核報告

餐飲服務業名稱：＿＿＿＿＿＿＿＿＿＿＿＿＿＿＿＿＿＿＿＿＿＿

地址：＿＿＿＿＿＿＿＿＿＿＿＿＿＿＿＿＿＿＿＿＿＿＿＿＿＿＿＿

電話：＿＿＿＿＿＿＿＿＿＿＿＿＿＿＿　日期：＿＿＿＿＿＿＿＿＿

缺失扣分			評核項目	備註：請明列原因
主要	次要	輕微	（在左列缺失欄□勾選缺失類別）	
			A. 硬體管理	
□	□		1. GHP 建築與設施流程動線設計不良	
	□		2. GHP 建築與設施維護與保養不佳	
□	□	□	3. 其他	
			B. GHP 衛生管理標準作業程序書、記錄表單及落實情形－建築與設施	
	□	□	1. 作業場所外圍環境之管理	
	□	□	2. 牆壁、支柱與地面之管理	
	□	□	3. 樓板、天花板之管理	
□	□	□	4. 出入口、門窗、通風口及其他孔道之管理	
□	□	□	5. 排水系統之管理	
	□	□	6. 照明設施之管理	
	□	□	7. 氣流之管理	
	□	□	8. 配管之管理	
□	□	□	9. 依清潔度不同之場所隔離或區隔	
□	□	□	10. 病媒防治之管理	
□	□	□	11. 蓄水設備之管理	
	□	□	12. 員工宿舍、餐廳、休息室及檢驗場所之管理	
	□	□	13. 廁所之管理	

缺失扣分			評核項目	備註：請明列原因
主要	次要	輕微	（在左列缺失欄□勾選缺失類別）	
☐	☐	☐	14. 用水之管理及水質檢驗	
☐	☐	☐	15. 洗手設施之管理	
☐	☐	☐	16. 其他	
			C. GHP 衛生管理標準作業程序書、記錄表單及落實情形－設備與器具之清洗衛生	
☐	☐	☐	1. 設備清洗與消毒之管理	
☐	☐	☐	2. 熟食盛裝器具之檢驗	
☐	☐	☐	3. 其他	
			D. GHP 衛生管理標準作業程序書、記錄表單及落實情形－從業人員衛生管理	
☐	☐	☐	1. 從業人員健康檢查	
☐	☐	☐	2. 從業人員之疾病管理	
	☐	☐	3. 從業人員之衣著管理（包括制服、工作鞋、髮帽、手套、口罩）	
	☐	☐	4. 從業人員工作中之衛生管理	
☐	☐	☐	5. 其他	
			E. GHP 衛生管理標準作業程序書、記錄表單及落實情形－清潔及消毒等化學物質與用具管理	
☐	☐	☐	1. 化學物質之購入、存放、標示、使用之管理	
		☐	2. 掃除用具之購入、存放管理	
☐	☐	☐	3. 其他	
			F. GHP 衛生管理標準作業程序書、記錄表單及落實情形－廢棄物處理（含蟲鼠害管制）	
	☐	☐	1.垃圾、廚餘、可回收資源之管理	
☐	☐	☐	2. 其他	
			G. GHP 衛生管理標準作業程序書、記錄表單及落實情形－衛生管理專責人員	
	☐	☐	1. 設置、資格、受訓證書、代理人、權責	

缺失扣分			評核項目	備註：請明列原因
主要	次要	輕微	（在左列缺失欄□勾選缺失類別）	
□	□	□	2. 其他	
			H. GHP 製程及品質管制標準作業程序書、記錄表單及落實情形－採購驗收（含供應商評鑑）	
	□	□	1. 採購流程、供應商資料、衛生證明文件	
	□	□	2. 驗收流程、驗收標準	
	□	□	3. 供應商評鑑	
□	□	□	4. 其他	
			I. GHP 製程及品質管制標準作業程序書、記錄表單及落實情形－廠商合約審查	
	□	□	1. 採購合約訂定	
□	□	□	2. 其他	
			J. GHP 製程及品質管制標準作業程序書、記錄表單及落實情形－前處理、製備	
□	□	□	1. 食材前處理之衛生管控	
□	□	□	2. 食物製備之衛生管控	
□	□	□	3. 其他	
			K. GHP 製程及品質管制標準作業程序書、記錄表單及落實情形－供膳	
□	□	□	1. 供膳作業之衛生管控	
□	□	□	2. 其他	
			L. GHP 製程及品質管制標準作業程序書、記錄表單及落實情形－食品製造流程規劃	
□	□	□	1. 食品由原料至成品製造過程之規劃（包括時間、空間、人員等）	
□	□	□	2. 其他	
			M. GHP 製程及品質管制標準作業程序書、記錄表單及落實情形－防止交叉汙染	
□	□	□	1. 交叉汙染之原因及防治措施	

缺失扣分			評核項目	備註：請明列原因
主要	次要	輕微	（在左列缺失欄□勾選缺失類別）	
□	□	□	2. 其他	
			N. GHP 製程及品質管制標準作業程序書、記錄表單及落實情形－化學性及物理性危害侵入之預防	
□	□	□	1. 化學性及物理性危害侵入之管理	
□	□	□	2. 其他	
			O. GHP 製程及品質管制標準作業程序書、記錄表單及落實情形－成品之確認	
□	□	□	1. 成品應確認其品質及衛生	
□	□	□	2. 其他	
			P. GHP 倉儲管制標準作業程序書、記錄表單及落實情形	
	□	□	1. 庫房管理、溫溼度管理	
□	□	□	2. 其他	
			Q. GHP 運輸管制標準作業程序書、記錄表單及落實情形	
	□	□	1. 人員管理、運輸車管理	
□	□	□	2. 其他	
			R. GHP 檢驗與量測管制標準作業程序書、記錄表單及落實情形	
□	□	□	1. 檢驗儀器管理與校正	
□	□	□	2 .其他	
			S. GHP 客訴管制標準作業程序書、記錄表單及落實情形	
	□	□	1. 客訴事件處理流程	
□	□	□	2. 其他	
			T. GHP 成品回收管制標準作業程序書、記錄表單及落實情形	
	□	□	1. 成品回收處理流程	

缺失扣分			評核項目	備註：請明列原因
主要	次要	輕微	（在左列缺失欄□勾選缺失類別）	
□	□	□	2. 其他	
			U. GHP 文件管制標準作業程序書、記錄表單及落實情形	
	□	□	1. 文件制定、發行、修改、廢止之流程	
□	□	□	2. 其他	
			V. GHP 教育訓練標準作業程序書、記錄表單及落實情形	
	□	□	1. 教育訓練實施之對象、時間、內容等	
□	□	□	2. 其他	
			W. HACCP 計畫書及記錄表單	
□	□	□	1. HACCP 小組成員名單	
	□	□	2. 產品特性及貯運方式	
	□	□	3. 產品用途及消費對象	
	□	□	4. 產品製造流程	
□	□	□	5. 危害分析及 CCP 的判定	
□	□	□	6. CCP 直接監控記錄及確認	
□	□	□	7. CCP 異常處理報告	

合計缺失數：　主要缺失　　　個
　　　　　　　次要缺失　　　個
　　　　　　　輕微缺失　　　個
（註 1：主要缺失達 3 個（含）以上，列為本次評核不通過。
　註 2：3 個輕微缺失累進為 1 個次要缺失；3 個次要缺失累進為 1 個主要缺失。）

建議事項（不列入缺失計數）		

缺失扣分			評核項目	備註：請明列原因
主要	次要	輕微	（在左列缺失欄□勾選缺失類別）	
產品抽驗結果			抽驗項目為大腸桿菌群及大腸桿菌，不合格得申請複驗 1 次，若仍為不合格則列為本次評核（查核）不通過	□合格 □不合格
業者意見欄			業者簽名：	
評核結果 （請廠商於現場評核報告每 1 頁空白處加蓋公司章）			□ 建議通過 　　　　　　最大安全生產量　　　　　餐食份／日 　　　　實際月平均安全生產量　　餐食份／日 　　　　　評核當日生產量　　　　餐食份／日 □ 不通過，理由： 主審委員簽名： 評核委員簽名： 轄區衛生局人員簽名： 觀察員簽名： 以下由本署計畫委辦機構填寫：	
評核建議			□擬予通過	

缺失扣分			評核項目					備註：請明列原因
主要	次要	輕微	（在左列缺失欄□勾選缺失類別）					
			□擬不予通過					
受託機構			承辦人員		主管覆核		首長決行	

附錄 3

餐飲業食品安全管制系統衛生評鑑申請注意事項－展延申請書

填表日期：中華民國　　　年　　月　　日

業者名稱：

證書編號：

應檢附文件如下：
■廠商登記證明（如公司登記或商業登記）相關文件影本
■業者出具 HACCP 小組人員異動未超過 1/2 之證明
■管制小組成員學習時數證明影本
■原證書
□其他文件＿＿＿＿＿＿＿＿＿＿＿＿＿＿＿＿＿＿＿＿＿＿

負責人姓名		蓋章
衛生管理（專責）人員姓名		蓋章

生產量基本資料

□餐飲服務業
餐飲服務業類型：
主要產品名稱：
最大安全生產量：　　　　餐食份／日
實際生產量：　　　　　　　　　　餐食份／日（平均）
從業員工人數：　　　　　　　人

附錄 4

餐飲業食品安全管制系統衛生評鑑申請注意事項－變更申請書

填表日期：中華民國　　　年　　　月　　　日

業者名稱：	證書編號：

變更事項：　□廠商名稱變更
　　　　　　□負責人名稱變更
　　　　　　□HACCP 小組人員變更（異動超過 1/2 以上者）
　　　　　　□最大生產量變更
　　　　　　□經營型態變更（應檢具附表 1 所需文件）

檢送文件如下：（請打 V）
□廠商登記證明（如公司登記或商業登記）相關文件影本
□業者出具 HACCP 小組人員異動未超過 1/2 之證明
□HACCP 小組人員聘書或相關證明影本
□HACCP 小組成員學習時數證明影本
□原證書
□其他文件＿＿＿＿＿＿＿＿＿＿＿＿＿＿＿＿＿＿＿＿

負責人姓名		蓋章
衛生管理（專責）人員姓名		蓋章

以下係申請變更廠商名稱、負責人名稱及小組人員填寫：

（請勾選）	變更前	擬變更
□廠商名稱		
□負責人名稱		
□小組成員名稱		

以下係申請最大產能變更者填寫：	
生產量基本資料（原產能）	
□餐飲服務業	
餐飲服務業類型：	
主要產品名稱：	
最大安全生產量：	餐食份／日
實際生產量：	餐食份／日（平均）
從業員工人數：	人
擬變更之產能：	
□餐飲服務業	
餐飲服務業類型：	
主要產品名稱：	
最大安全生產量：	餐食份／日
實際生產量：	餐食份／日（平均）
從業員工人數：	人

附錄 5
餐飲業食品安全管制系統衛生評鑑申請流程圖

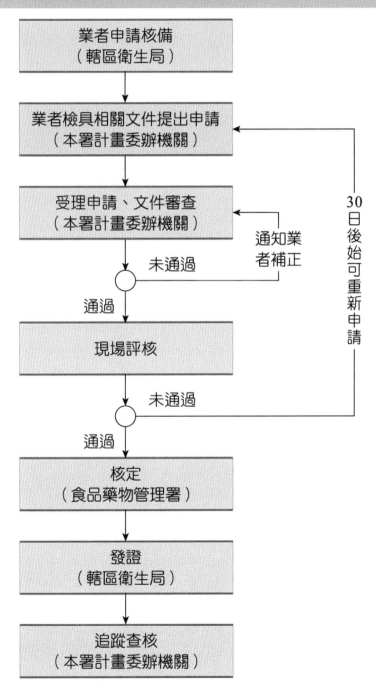

業者申請核備
（轄區衛生局）

↓

業者檢具相關文件提出申請
（本署計畫委辦機關）

↓

受理申請、文件審查
（本署計畫委辦機關）

未通過　　通知業者補正

通過

現場評核

未通過

30日後始可重新申請

通過

核定
（食品藥物管理署）

↓

發證
（轄區衛生局）

↓

追蹤查核
（本署計畫委辦機關）

附錄 6

餐飲業食品安全管制系統衛生評鑑申請之分工流程圖

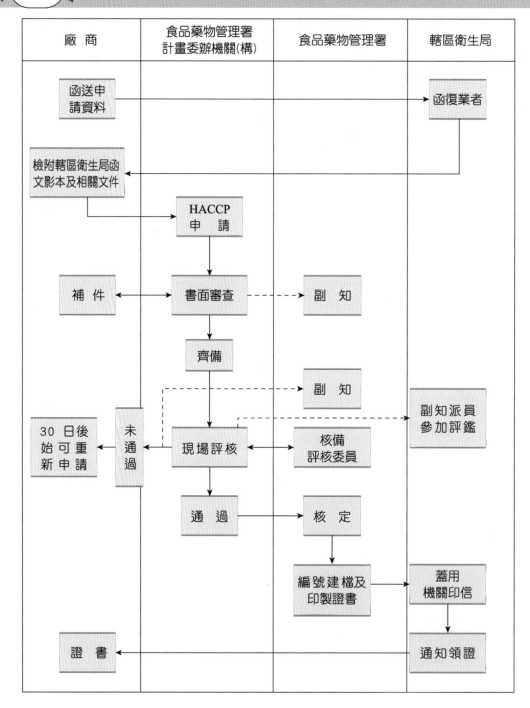

附錄 7
餐飲業食品安全管制系統衛生評鑑證明書遺失切結書

具結人＿＿＿＿＿＿＿＿＿＿＿＿＿＿＿，因故遺失餐飲業食品安全管制系統衛生評鑑證明書，茲向＿＿＿＿＿＿＿＿＿＿＿＿（轄區衛生局）申請補發，嗣後發現報失之餐飲業食品安全管制系統衛生評鑑證明書將予繳回，不做非法用途。如有虛偽情事，願負法律上一切責任。

此　　致

＿＿＿＿＿＿＿＿＿＿＿＿＿＿＿＿＿＿＿＿（轄區衛生局）

具切結書人（簽章）：

身分證統一編號：

聯絡地址：

聯絡電話：

中華民國　　年　　月　　日

附錄 8

90006 職業安全衛生共同科目 不分級 工作項目 01：職業安全衛生

1. ( ) 對於核計勞工所得有無低於基本工資，下列敘述何者有誤？ (1)僅計入在正常工時內之報酬 (2)應計入加班費 (3)不計入休假日出勤加給之工資 (4)不計入競賽獎金。

2. ( ) 下列何者之工資日數得列入計算平均工資？ (1)請事假期間 (2)職災醫療期間 (3)發生計算事由之前 6 個月 (4)放無薪假期間。

3. ( ) 下列何者，非屬法定之勞工？ (1)委任之經理人 (2)被派遣之工作者 (3)部分工時之工作者 (4)受薪之工讀生。

4. ( ) 以下對於「例假」之敘述，何者有誤？ (1)每 7 日應休息 1 日 (2)工資照給 (3)出勤時，工資加倍及補休 (4)須給假，不必給工資。

5. ( ) 勞動基準法第 84 條之 1 規定之工作者，因工作性質特殊，就其工作時間，下列何者正確？ (1)完全不受限制 (2)無例假與休假 (3)不另給予延時工資 (4)勞雇間應有合理協商彈性。

6. ( ) 依勞動基準法規定，雇主應置備勞工工資清冊並應保存幾年？ (1)1 年 (2)2 年 (3)5 年 (4)10 年。

7. ( ) 事業單位僱用勞工多少人以上者，應依勞動基準法規定訂立工作規則？ (1)200 人 (2)100 人 (3)50 人 (4)30 人。

8. ( ) 依勞動基準法規定，雇主延長勞工之工作時間連同正常工作時間，每日不得超過多少小時？ (1)10 (2)11 (3)12 (4)15。

9. ( ) 依勞動基準法規定，下列何者屬不定期契約？ (1)臨時性或短期性的工作 (2)季節性的工作 (3)特定性的工作 (4)有繼續性的工作。

10. ( ) 依職業安全衛生法規定，事業單位勞動場所發生死亡職業災害時，雇主應於多少小時內通報勞動檢查機構？ (1)8 (2)12 (3)24 (4)48。

11. ( ) 事業單位之勞工代表如何產生？ (1)由企業工會推派之 (2)由產業工會推派之 (3)由勞資雙方協議推派之 (4)由勞工輪流擔任之。

12. ( ) 職業安全衛生法所稱有母性健康危害之虞之工作，不包括下列何種工作型態？ (1)長時間站立姿勢作業 (2)人力提舉、搬運及推拉重物 (3)輪班及夜間工作 (4)駕駛運輸車輛。

13. ( ) 職業安全衛生法之立法意旨為保障工作者安全與健康，防止下列何種災害？ (1)職業災害 (2)交通災害 (3)公共災害 (4)天然災害。

14. （ ） 依職業安全衛生法施行細則規定，下列何者非屬特別危害健康之作業？ (1)噪音作業 (2)游離輻射作業 (3)會計作業 (4)粉塵作業。

15. （ ） 從事於易踏穿材料構築之屋頂修繕作業時，應有何種作業主管在場執行主管業務？ (1)施工架組配 (2)擋土支撐組配 (3)屋頂 (4)模板支撐。

16. （ ） 對於職業災害之受領補償規定，下列敘述何者正確？ (1)受領補償權，自得受領之日起，因 2 年間不行使而消滅 (2)勞工若離職將喪失受領補償 (3)勞工得將受領補償權讓與、抵銷、扣押或擔保 (4)須視雇主確有過失責任，勞工方具有受領補償權。

17. （ ） 以下對於「工讀生」之敘述，何者正確？ (1)工資不得低於基本工資之80％ (2)屬短期工作者，加班只能補休 (3)每日正常工作時間得超過 8 小時 (4)國定假日出勤，工資加倍發給。

18. （ ） 經勞動部核定公告為勞動基準法第 84 條之 1 規定之工作者，得由勞雇雙方另行約定之勞動條件，事業單位仍應報請下列哪個機關核備？ (1)勞動檢查機構 (2)勞動部 (3)當地主管機關 (4)法院公證處。

19. （ ） 勞工工作時手部嚴重受傷，住院醫療期間公司應按下列何者給予職業災害補償？ (1)前 6 個月平均工資 (2)前 1 年平均工資 (3)原領工資 (4)基本工資。

20. （ ） 勞工在何種情況下，雇主得不經預告終止勞動契約？ (1)確定被法院判刑 6 個月以內並諭知緩刑超過 1 年以上者 (2)不服指揮對雇主暴力相向者 (3)經常遲到早退者 (4)非連續曠工但 1 個月內累計達 3 日以上者。

21. （ ） 對於吹哨者保護規定，下列敘述何者有誤？ (1)事業單位不得對勞工申訴人終止勞動契約 (2)勞動檢查機構受理勞工申訴必須保密 (3)為實施勞動檢查，必要時得告知事業單位有關勞工申訴人身分 (4)任何情況下，事業單位都不得有不利勞工申訴人之行為。

22. （ ） 勞工發生死亡職業災害時，雇主應經以下何單位之許可，方得移動或破壞現場？ (1)保險公司 (2)調解委員會 (3)法律輔助機構 (4)勞動檢查機構。

23. （ ） 職業安全衛生法所稱有母性健康危害之虞之工作，係指對於具生育能力之女性勞工從事工作，可能會導致的一些影響。下列何者除外？ (1)胚胎發育 (2)妊娠期間之母體健康 (3)哺乳期間之幼兒健康 (4)經期紊亂。

24. （ ） 下列何者非屬職業安全衛生法規定之勞工法定義務？ (1)定期接受健康檢查 (2)參加安全衛生教育訓練 (3)實施自動檢查 (4)遵守安全衛生工作守則。

25. （ ） 下列何者非屬應對在職勞工施行之健康檢查？ (1)一般健康檢查 (2)體格檢查 (3)特殊健康檢查 (4)特定對象及特定項目之檢查。

26. （　）下列何者非為防範有害物食入之方法？　(1)有害物與食物隔離　(2)不在工作場所進食或飲水　(3)常洗手、漱口　(4)穿工作服。

27. （　）有關承攬管理責任，下列敘述何者正確？　(1)原事業單位交付廠商承攬，如不幸發生承攬廠商所僱勞工墜落致死職業災害，原事業單位應與承攬廠商負連帶補償及賠償責任　(2)原事業單位交付承攬，不需負連帶補償責任　(3)承攬廠商應自負職業災害之賠償責任　(4)勞工投保單位即為職業災害之賠償單位。

28. （　）依勞動基準法規定，主管機關或檢查機構於接獲勞工申訴事業單位違反本法及其他勞工法令規定後，應為必要之調查，並於幾日內將處理情形，以書面通知勞工？　(1)14　(2)20　(3)30　(4)60。

29. （　）依職業安全衛生教育訓練規則規定，新僱勞工所接受之一般安全衛生教育訓練，不得少於幾小時？　(1)0.5　(2)1　(3)2　(4)3。

30. （　）我國中央勞工行政主管機關為下列何者？　(1)內政部　(2)勞工保險局　(3)勞動部　(4)經濟部。

31. （　）對於勞動部公告列入應實施型式驗證之機械、設備或器具，下列何種情形不得免驗證？　(1)依其他法律規定實施驗證者　(2)供國防軍事用途使用者　(3)輸入僅供科技研發之專用機　(4)輸入僅供收藏使用之限量品。

32. （　）對於墜落危險之預防設施，下列敘述何者較為妥適？　(1)在外牆施工架等高處作業應盡量使用繫腰式安全帶　(2)安全帶應確實配掛在低於足下之堅固點　(3)高度2m以上之邊緣開口部分處應圍起警示帶　(4)高度2m以上之開口處應設護欄或安全網。

33. （　）下列對於感電電流流過人體的現象之敘述何者有誤？　(1)痛覺　(2)強烈痙攣　(3)血壓降低、呼吸急促、精神亢奮　(4)顏面、手腳燒傷。

34. （　）下列何者非屬於容易發生墜落災害的作業場所？　(1)施工架　(2)廚房　(3)屋頂　(4)梯子、合梯。

35. （　）下列何者非屬危險物儲存場所應採取之火災爆炸預防措施？　(1)使用工業用電風扇　(2)裝設可燃性氣體偵測裝置　(3)使用防爆電氣設備　(4)標示「嚴禁煙火」。

36. （　）雇主於臨時用電設備加裝漏電斷路器，可減少下列何種災害發生？　(1)墜落　(2)物體倒塌、崩塌　(3)感電　(4)被撞。

37. （　）雇主要求確實管制人員不得進入吊舉物下方，可避免下列何種災害發生？　(1)感電　(2)墜落　(3)物體飛落　(4)缺氧。

38. （　）職業上危害因子所引起的勞工疾病，稱為何種疾病？　(1)職業疾病　(2)法定傳染病　(3)流行性疾病　(4)遺傳性疾病。

39. (　) 事業招人承攬時,其承攬人就承攬部分負雇主之責任,原事業單位就職業災害補償部分之責任為何?　(1)視職業災害原因判定是否補償　(2)依工程性質決定責任　(3)依承攬契約決定責任　(4)仍應與承攬人負連帶責任。

40. (　) 預防職業病最根本的措施為何?　(1)實施特殊健康檢查　(2)實施作業環境改善　(3)實施定期健康檢查　(4)實施僱用前體格檢查。

41. (　) 以下為假設性情境:「在地下室作業,當通風換氣充分時,則不易發生一氧化碳中毒或缺氧危害」,請問「通風換氣充分」係指「一氧化碳中毒或缺氧危害」之何種描述?　(1)風險控制方法　(2)發生機率　(3)危害源　(4)風險。

42. (　) 勞工為節省時間,在未斷電情況下清理機臺,易發生危害為何?　(1)捲夾感電　(2)缺氧　(3)墜落　(4)崩塌。

43. (　) 工作場所化學性有害物進入人體最常見路徑為下列何者?　(1)口腔　(2)呼吸道　(3)皮膚　(4)眼睛。

44. (　) 於營造工地潮濕場所中使用電動機具,為防止漏電危害,應於該電路設置何種安全裝置?　(1)閉關箱　(2)自動電擊防止裝置　(3)高感度高速型漏電斷路器　(4)高容量保險絲。

45. (　) 活線作業勞工應佩戴何種防護手套?　(1)棉紗手套　(2)耐熱手套　(3)絕緣手套　(4)防振手套。

46. (　) 下列何者非屬電氣災害類型?　(1)電弧灼傷　(2)電氣火災　(3)靜電危害　(4)雷電閃爍。

47. (　) 下列何者非屬電氣之絕緣材料?　(1)空氣　(2)氟氯烷　(3)漂白水　(4)絕緣油。

48. (　) 下列何者非屬於工作場所作業會發生墜落災害的潛在危害因子?　(1)開口未設置護欄　(2)未設置安全之上下設備　(3)未確實配戴耳罩　(4)屋頂開口下方未張掛安全網。

49. (　) 在噪音防治之對策中,從下列哪一方面著手最為有效?　(1)偵測儀器　(2)噪音源　(3)傳播途徑　(4)個人防護具。

50. (　) 勞工於室外高氣溫作業環境工作,可能對身體產生之熱危害,以下何者非屬熱危害之症狀?　(1)熱衰竭　(2)中暑　(3)熱痙攣　(4)痛風。

51. (　) 勞動場所發生職業災害,災害搶救中第一要務為何?　(1)搶救材料減少損失　(2)搶救罹災勞工迅速送醫　(3)災害場所持續工作減少損失　(4)24 小時內通報勞動檢查機構。

52. (　) 以下何者是消除職業病發生率之源頭管理對策?　(1)使用個人防護具　(2)健康檢查　(3)改善作業環境　(4)多運動。

53. （　　）下列何者非為職業病預防之危害因子？　(1)遺傳性疾病　(2)物理性危害　(3)人因工程危害　(4)化學性危害。

54. （　　）對於染有油污之破布、紙屑等應如何處置？　(1)與一般廢棄物一起處置　(2)應分類置於回收桶內　(3)應蓋藏於不燃性之容器內　(4)無特別規定，以方便丟棄即可。

55. （　　）下列何者非屬使用合梯，應符合之規定？　(1)合梯應具有堅固之構造　(2)合梯材質不得有顯著之損傷、腐蝕等　(3)梯腳與地面之角度應在 80 度以上　(4)有安全之防滑梯面。

56. （　　）下列何者非屬勞工從事電氣工作，應符合之規定？　(1)使其使用電工安全帽　(2)穿戴絕緣防護具　(3)停電作業應檢電掛接地　(4)穿戴棉質手套絕緣。

57. （　　）為防止勞工感電，下列何者為非？　(1)使用防水插頭　(2)避免不當延長接線　(3)設備有金屬外殼保護即可免裝漏電斷路器　(4)電線架高或加以防護。

58. （　　）電氣設備接地之目的為何？　(1)防止電弧產生　(2)防止短路發生　(3)防止人員感電　(4)防止電阻增加。

59. （　　）不當抬舉導致肌肉骨骼傷害或肌肉疲勞之現象,可稱之為下列何者？　(1)感電事件　(2)不當動作　(3)不安全環境　(4)被撞事件。

60. （　　）使用鑽孔機時,不應使用下列何護具？　(1)耳塞　(2)防塵口罩　(3)棉紗手套　(4)護目鏡。

61. （　　）腕道症候群常發生於下列何種作業？　(1)電腦鍵盤作業　(2)潛水作業　(3)堆高機作業　(4)第一種壓力容器作業。

62. （　　）若廢機油引起火災,最不應以下列何者滅火？　(1)厚棉被　(2)砂土　(3)水　(4)乾粉滅火器。

63. （　　）對於化學燒傷傷患的一般處理原則,下列何者正確？　(1)立即用大量清水沖洗　(2)傷患必須臥下,而且頭、胸部須高於身體其他部位　(3)於燒傷處塗抹油膏、油脂或發酵粉　(4)使用酸鹼中和。

64. （　　）下列何者屬安全的行為？　(1)不適當之支撐或防護　(2)使用防護具　(3)不適當之警告裝置　(4)有缺陷的設備。

65. （　　）下列何者非屬防止搬運事故之一般原則？　(1)以機械代替人力　(2)以機動車輛搬運　(3)採取適當之搬運方法　(4)儘量增加搬運距離。

66. （　　）對於脊柱或頸部受傷患者,下列何者不是適當的處理原則？　(1)不輕易移動傷患　(2)速請醫師　(3)如無合用的器材,需 2 人作徒手搬運　(4)向急救中心聯絡。

67.（　）防止噪音危害之治本對策為　(1)使用耳塞、耳罩　(2)實施職業安全衛生教育訓練　(3)消除發生源　(4)實施特殊健康檢查。

68.（　）進出電梯時應以下列何者為宜？　(1)裡面的人先出，外面的人再進入　(2)外面的人先進去，裡面的人才出來　(3)可同時進出　(4)爭先恐後無妨。

69.（　）安全帽承受巨大外力衝擊後，雖外觀良好，應採下列何種處理方式？　(1)廢棄　(2)繼續使用　(3)送修　(4)油漆保護。

70.（　）下列何者可做為電氣線路過電流保護之用？　(1)變壓器　(2)電阻器　(3)避雷器　(4)熔絲斷路器。

71.（　）因舉重而扭腰係由於身體動作不自然姿勢，動作之反彈，引起扭筋、扭腰及形成類似狀態造成職業災害，其災害類型為下列何者？　(1)不當狀態　(2)不當動作　(3)不當方針　(4)不當設備。

72.（　）下列有關工作場所安全衛生之敘述何者有誤？　(1)對於勞工從事其身體或衣著有被污染之虞之特殊作業時，應備置該勞工洗眼、洗澡、漱口、更衣、洗濯等設備　(2)事業單位應備置足夠急救藥品及器材　(3)事業單位應備置足夠的零食自動販賣機　(4)勞工應定期接受健康檢查。

73.（　）毒性物質進入人體的途徑，經由那個途徑影響人體健康最快且中毒效應最高？　(1)吸入　(2)食入　(3)皮膚接觸　(4)手指觸摸。

74.（　）安全門或緊急出口平時應維持何狀態？　(1)門可上鎖但不可封死　(2)保持開門狀態以保持逃生路徑暢通　(3)門應關上但不可上鎖　(4)與一般進出門相同，視各樓層規定可開可關。

75.（　）下列何種防護具較能消減噪音對聽力的危害？　(1)棉花球　(2)耳塞　(3)耳罩　(4)碎布球。

76.（　）流行病學實證研究顯示，輪班、夜間及長時間工作與心肌梗塞、高血壓、睡眠障礙、憂鬱等的罹病風險之關係一般為何？　(1)無相關性　(2)呈負相關　(3)呈正相關　(4)部分為正相關，部分為負相關。

77.（　）勞工若面臨長期工作負荷壓力及工作疲勞累積，沒有獲得適當休息及充足睡眠，便可能影響體能及精神狀態，甚而較易促發下列何種疾病？　(1)皮膚癌　(2)腦心血管疾病　(3)多發性神經病變　(4)肺水腫。

78.（　）「勞工腦心血管疾病發病的風險與年齡、吸菸、總膽固醇數值、家族病史、生活型態、心臟方面疾病」之相關性為何？　(1)無　(2)正　(3)負　(4)可正可負。

79.（　）勞工常處於高溫及低溫間交替暴露的情況、或常在有明顯溫差之場所間出入，對勞工的生(心)理工作負荷之影響一般為何？　(1)無　(2)增加　(3)減少　(4)不一定。

80. （　）「感覺心力交瘁，感覺挫折，而且上班時都很難熬」此現象與下列何者較不相關？　(1)可能已經快被工作累垮了　(2)工作相關過勞程度可能嚴重　(3)工作相關過勞程度輕微　(4)可能需要尋找專業人員諮詢。

81. （　）下列何者不屬於職場暴力？　(1)肢體暴力　(2)語言暴力　(3)家庭暴力　(4)性騷擾。

82. （　）職場內部常見之身體或精神不法侵害不包含下列何者？　(1)脅迫、名譽損毀、侮辱、嚴重辱罵勞工　(2)強求勞工執行業務上明顯不必要或不可能之工作　(3)過度介入勞工私人事宜　(4)使勞工執行與能力、經驗相符的工作。

83. （　）勞工服務對象若屬特殊高風險族群，如酗酒、藥癮、心理疾患或家暴者，則此勞工較易遭受下列何種危害？　(1)身體或心理不法侵害　(2)中樞神經系統退化　(3)聽力損失　(4)白指症。

84. （　）下列何種措施較可避免工作單調重複或負荷過重？　(1)連續夜班　(2)工時過長　(3)排班保有規律性　(4)經常性加班。

85. （　）一般而言下列何者不屬對孕婦有危害之作業或場所？　(1)經常搬抬物件上下階梯或梯架　(2)暴露游離輻射　(3)工作區域地面平坦、未濕滑且無未固定之線路　(4)經常變換高低位之工作姿勢。

86. （　）長時間電腦終端機作業較不易產生下列何狀況？　(1)眼睛乾澀　(2)頸肩部僵硬不適　(3)體溫、心跳和血壓之變化幅度比較大　(4)腕道症候群。

87. （　）減輕皮膚燒傷程度之最重要步驟為何？　(1)儘速用清水沖洗　(2)立即刺破水泡　(3)立即在燒傷處塗抹油脂　(4)在燒傷處塗抹麵粉。

88. （　）眼內噴入化學物或其他異物，應立即使用下列何者沖洗眼睛？　(1)牛奶　(2)蘇打水　(3)清水　(4)稀釋的醋。

89. （　）石綿最可能引起下列何種疾病？　(1)白指症　(2)心臟病　(3)間皮細胞瘤　(4)巴金森氏症。

90. （　）作業場所高頻率噪音較易導致下列何種症狀？　(1)失眠　(2)聽力損失　(3)肺部疾病　(4)腕道症候群。

91. （　）下列何種患者不宜從事高溫作業？　(1)近視　(2)心臟病　(3)遠視　(4)重聽。

92. （　）廚房設置之排油煙機為下列何者？　(1)整體換氣裝置　(2)局部排氣裝置　(3)吹吸型換氣裝置　(4)排氣煙囪。

93. （　）消除靜電的有效方法為下列何者？　(1)隔離　(2)摩擦　(3)接地　(4)絕緣。

94. （　）防塵口罩選用原則，下列敘述何者有誤？　(1)捕集效率愈高愈好　(2)吸氣阻抗愈低愈好　(3)重量愈輕愈好　(4)視野愈小愈好。

95.（　）「勞工於職場上遭受主管或同事利用職務或地位上的優勢予以不當之對待，及遭受顧客、服務對象或其他相關人士之肢體攻擊、言語侮辱、恐嚇、威脅等霸凌或暴力事件，致發生精神或身體上的傷害」此等危害可歸類於下列何種職業危害？　(1)物理性　(2)化學性　(3)社會心理性　(4)生物性。

96.（　）有關高風險或高負荷、夜間工作之安排或防護措施，下列何者不恰當？　(1)若受威脅或加害時，在加害人離開前觸動警報系統，激怒加害人，使對方抓狂　(2)參照醫師之適性配工建議　(3)考量人力或性別之適任性　(4)獨自作業，宜考量潛在危害，如性暴力。

97.（　）若勞工工作性質需與陌生人接觸、工作中需處理不可預期的突發事件或工作場所治安狀況較差，較容易遭遇下列何種危害？　(1)組織內部不法侵害　(2)組織外部不法侵害　(3)多發性神經病變　(4)潛涵症。

98.（　）以下何者不是發生電氣火災的主要原因？　(1)電器接點短路　(2)電氣火花　(3)電纜線置於地上　(4)漏電。

99.（　）依勞工職業災害保險及保護法規定，職業災害保險之保險效力，自何時開始起算，至離職當日停止？　(1)通知當日　(2)到職當日　(3)雇主訂定當日　(4)勞雇雙方合意之日。

100.（　）依勞工職業災害保險及保護法規定，勞工職業災害保險以下列何者為保險人，辦理保險業務？　(1)財團法人職業災害預防及重建中心　(2)勞動部職業安全衛生署　(3)勞動部勞動基金運用局　(4)勞動部勞工保險局。

解答：

1.(2)	2.(3)	3.(1)	4.(4)	5.(4)	6.(3)	7.(4)	8.(3)	9.(4)	10.(1)
11.(1)	12.(4)	13.(1)	14.(3)	15.(3)	16.(1)	17.(4)	18.(3)	19.(3)	20.(2)
21.(3)	22.(4)	23.(4)	24.(3)	25.(2)	26.(4)	27.(1)	28.(4)	29.(4)	30.(3)
31.(4)	32.(4)	33.(3)	34.(2)	35.(1)	36.(3)	37.(3)	38.(1)	39.(4)	40.(2)
41.(1)	42.(1)	43.(2)	44.(3)	45.(3)	46.(4)	47.(3)	48.(3)	49.(2)	50.(4)
51.(2)	52.(3)	53.(1)	54.(3)	55.(3)	56.(4)	57.(2)	58.(3)	59.(3)	60.(3)
61.(1)	62.(3)	63.(1)	64.(2)	65.(4)	66.(3)	67.(3)	68.(1)	69.(1)	70.(4)
71.(2)	72.(3)	73.(2)	74.(3)	75.(3)	76.(3)	77.(2)	78.(2)	79.(2)	80.(3)
81.(3)	82.(4)	83.(1)	84.(3)	85.(3)	86.(3)	87.(1)	88.(3)	89.(3)	90.(2)
91.(2)	92.(2)	93.(3)	94.(4)	95.(3)	96.(1)	97.(2)	98.(3)	99.(2)	100.(4)

參考書目　　　　　　　　　　　　　　　　　　　　　　　　　　　REFERENCES

1. 餐飲安全與衛生(2000)，鄒慧芬著，臺北市：品度出版社，三版 ISBN: 9573085127。

2. 食品安全與餐飲衛生(2002)，易君常著、劉蔚萍合著，臺北市：楊智文化，初版 ISBN: 9578446098。

3. 全國法規資料庫入口網站：http://law.moj.gov.tw/Law/LawSearchAll.aspx

4. 行政院衛生署食品藥物管理局：http://law.moj.gov.tw/Law/LawSearch All.aspx

5. 勞工安全衛生研究所：http://www.iosh.gov.tw/Publish.aspx?cnid=39

6. 中央畜產會：http://www.naif.org.tw/proofHACCPBrief.aspx?frontTitle MenuID=52&frontMenuID=92

MEMO

MEMO

MEMO

國家圖書館出版品預行編目資料

職場安全與衛生. 餐旅篇/鄒慧芬編著.--四版.--新北市：
新文京開發出版股份有限公司, 2023.06
　　面；　公分

ISBN　978-986-430-927-6（平裝）

1. CST：餐旅管理　2.CST：食品衛生管理

489.2　　　　　　　　　　　　　　　　　112007542

職場安全與衛生—餐旅篇（第四版）　（書號：HT16e4）

編　著　者	鄒慧芬
出　版　者	新文京開發出版股份有限公司
地　　　址	新北市中和區中山路二段 362 號 9 樓
電　　　話	(02) 2244-8188（代表號）
Ｆ　Ａ　Ｘ	(02) 2244-8189
郵　　　撥	1958730-2
初　　　版	西元 2011 年 11 月 15 日
二　　　版	西元 2015 年 09 月 10 日
三　　　版	西元 2017 年 09 月 01 日
四　　　版	西元 2023 年 07 月 01 日

New Wun Ching Developmental Publishing Co., Ltd.

New Age · New Choice · The Best Selected Educational Publications — NEW WCDP